아이에게 빛나는 미래를 선물할

______________________ 님에게

미래를 읽는 부모는 아이를 창업가로 키운다

4차 산업형 인재로 키우는 스탠퍼드식 창업교육

◆ 이민정 지음 ◆

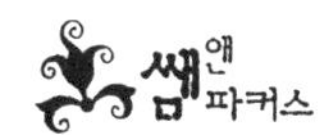

쌤앤파커스

프롤로그

구글, 인텔, 유튜브 창업가들…,
그들은 어떤 교육을 받았을까?

저는 잘나가는 입시강사였습니다. 학생들의 얼굴만 봐도 성적이 보였습니다. 서울대, 고려대, 연세대, 소위 스카이SKY에 올해 몇 명을 진학시켰는지가 자랑거리였던 입시전문가였습니다. 그러다 연년생의 두 딸아이를 낳아 기르게 됐습니다. 세상엔 못할 일이 없다고 말하며 학생들을 가르쳐왔지만, 제게 육아는 대표적인 '못할 일'이었고, 제 능력 밖의 것이었습니다.

남들보다 일찍 시작된 아이들과의 감정적 대립은 치열했습니다. 그리고 눈물겨울 정도로 길었습니다. '대화법', '코칭', '학습법' 등 닥치는 대로 배우고 전문가의 상담을 받았지만, 그리 도움이 되지 못했습니다. 자녀교육 성공담을 들어보면 부모들은 다 똑부러지고 차분하고, 아이들은 부모의 말을 비교적 잘 따르는 것 같았습니다. 반면 우리 아이들은 공부는 곧잘 했지만 징글징글하게 말 안 듣고 고집이 셌습니다. 성격이 급했던 저는 엄마로서 속이 문드러지도록 마음고생이 심했습니다.

제가 뭘 그리 잘못했을까요? 억울했습니다. 자녀 양육의 문제는 부모가 원인이라는데, 어디까지가 부모의 역할이고 책임일까요? 두 아이가 고등학교를 다른 곳으로 진학하면서 인내심의 한계를 시험하게 됐습니다. 큰애는 미국에서 인종차별을 겪었고, 유순했던 작은애는 특목고에 진학하면서 자기주장이 뚜렷해졌습니다. 가령 둘째는 입시가 코앞인데, 내신에 들어가지도 않는 전통무용을 목숨을 걸고 연습했습니다(작은애는 저를 닮아 지독한 몸치입니다). 그 무렵 다른 친구들은 공부하느라 집에도 오지 않는다는데, 연극할 때 입을 핼러윈 옷을 찾겠다고 집의 창고를 뒤지고 있으니, 미치고 팔짝 뛸 노릇이었습니다. 강제로 그만두게 하면 반발심만 커질 것 같아 속을 끓였습니다.

학년이 올라갈수록 자녀교육의 갈피를 잡기 힘들었습니다. 고2와 고3이 된 두 아이들과 멀어져버린 사이를 좁히기 어려웠습니다. 갈등 상황을 겪고 있을 무렵 아이의 해외유학에 관심이 많았던 저는 용산의 한 외국인학교에서 열리는 아이비리그 대학 입학설명회에 참석하게 되었습니다.

화면에 파워포인트 자료가 1장 띄워졌습니다. 휴렛팩커드, 인텔, 나이키, 구글, 유튜브, 인스타그램, 에어비앤비, 넷플릭스…, 많이 본 기업의 로고들이 나열되어 있었습니다. 입학담당자가 화면을 가리키며 말했습니다. "다른 설명은 하지 않겠습니다. 이 모든 회사가 바로 저희 학교에서 나온 기업들입니다."

강당이 갑자기 조용해졌습니다. 강연자 역시 잠시 말을 멈췄습니다. 이 엄청난 기업들이 스탠퍼드 대학교에서 나왔다니! 스탠퍼드 대학 교수가 만든 최초의 실리콘밸리 기업이 바로 휴렛팩커드입니다. 인텔, 나이키, 구글은 스탠퍼드 졸업생이 만들었습니다. 에어비앤비는 스탠퍼드로부터 도움을 받아 성장한 기업입니다. 유튜브, 인스타그램, 에어비앤비, 넷플릭스는 4차 산업혁명 시대에 혜성처럼 나타나 현재 전 세계가 주목하는 기업들입니다.

이들이 갖고 있는 조직문화와 혁신을 이루는 접근법은 스탠퍼드 대학의 교육과정과 놀랄 만큼 유사합니다. 즉, 이들의 창업은 백지 상태에서 만들어진 게 아니었습니다. 스탠퍼드 대학은 학생들에게 창업을 '훈련'시켰고, 창업가들은 그 가르침을 '실현'시킴으로써 혁신이 시작된 것입니다.

인공지능이다 뭐다 하며, 급변하는 '4차 산업혁명 시대'라고들 합니다. 우리가 기회를 잡으려면 무엇을 따라야 할까요? 답은 나왔습니다. 실리콘밸리의 주역들이 어떤 교육을 받고 자랐는지 알아야 합니다. 저는 실리콘밸리의 산실이라는 스탠퍼드의 교육방식을 우리 아이들에게 가르칠 수만 있다면, 충분히 미래를 대비할 수 있겠다고 생각했습니다.

한 조사에 따르면 우리나라 아이들이 학업에서 최초로 좌절감을 느끼는 시기가 초등학교 1, 2학년이라고 합니다. 10살도 안 된 어린 아이들이 인생에 불안감을 느끼는 것입니다. 그런데 저는 제 자식들에게 수학문제 하나 제대로 못 풀었다고 혼내고, 성적으로 아이들의 가치에 점수를 매겨왔습니다. 엄마로서 제 교육방식은 아이들을 언제나 '잠재적인 실패자'로 만들고 있었습니다.

그렇다 보니 아이들은 무엇 하나 스스로 하지 못했습니다. 할 수 있는 것들은 터무니없이 적었고, 그들은 스스로 무언가 성취해야 하는 강력한 동기를 가져본 적이 없었습니다. 솔직하게 말하건대 저는 아이들에게 늘 '부족한 존재'라는 인식을 심어주었고, 마치 문제 풀이하듯 선택지 안에서만 행동하도록 가르쳤습니다. 반면 스탠퍼드 창업교육은 스스로 생각하고, 부딪혀보고, 깨닫게 하는 교육법이어서 놀라웠습니다.

두 자녀를 스탠퍼드에 보내기에는 시간적, 경제적 여유가 없었습니다. 저는 스탠퍼드 창업이론과 방식을 배우고 연구하는 데 매진했고, 이를 바탕으로 몇 가지 프로그램들을 개발했습니다. 그리고 고2, 고3인 제 아이들에게 가장 먼저 가르쳤습니다. 성적이라는 잣대 말고 공감능력과 창의력이라는 '시장의 잣대'로 아이들을 평가했습니다. 두 아이가 자신의 강점과 가치를 발견하고, 긍정적으로 변하는 모습이 눈에 보였습니다. 무엇보다도 이 교육법의 최대 수혜자는 저였습니다. 제 어깨를 무겁게 짓누르던 부모의 '역할'과 '책임감'으로부터 궁극적으로 해방될 수 있었으니까요.

한국인들은 창의력이 부족하지 않느냐고요? 저도 그렇게 생각했습니다. 하지만 제가 얼마나 위험한 생각을 했는지 깨달았습니다. 제가 운영하는 스탠퍼드식 창업교육은 현재 서울을 비롯한 전국 초중고교에서 강의 요청이 끊임없이 들어오고 있습니다. 2~3시간, 길어봐야 4시간 남짓한 프로그램을 통해 학생들이 서로 소통하고 창의적으로 변하는 것을 목도했습니다.

'창업교육'이라고 하면 막연히 어려울 것이라고 생각합니다. 하지만 지금 아이가 배우고 있는 교육과정보다 훨씬 쉽고 재밌습니다. 기존의 교육은 인간의 본성을 무시하고 다소 기계적으로 사고하는 것을 우수하다고 평가합니다. 반면 창업교육은 인간에 대한 본질적인 이해를 목표로 하기 때문에 부모와 아이가 모두 행복할 수 있는 학습법입니다. 유치원생, 초등학생, 중고등학생, 성인까지 전 연령대가 즐길 수 있고 효과를 보이는 것도 특장점입니다. 저처럼 부모가 먼저 공부해서 자녀에게 가르치는 것도 제가 권하는 아주 좋은 방법입니다.

시험 성적으로 아이의 가치를 평가하는 것이 의미 없는 세상입니다. 눈앞에 다가온 4차 산업혁명이라는 멋진 신세계를 보지 못하고 우리는 아이들에게 꼬리표를 달아주고 있지 않나요? 사는 곳이 어딘지, 아파트가 몇 평인지, 부모님의 직업이 무엇인지, 외모가 예쁜지…. 이런 꼬리표를 인생의 족쇄처럼 달고 살아야 하는 아이들의 현실이 너무나 안타깝습니다.

창업교육을 배우면 변화된 사회의 룰을 이해할 수 있습니다. 글로벌 기업들이 혁신할 수 있었던 것도 이런 흐름을 잘 이해했기 때문입니다. 글로벌 창업가들의 성공은 낙타가 바늘구멍에 들어가는 것처럼 불가능해 보이지만, 그들은 창업교육의 원리와 힘을 믿었을 뿐입니다. 좋은 교육은 좋은 결과를 낳습니다. 스탠퍼드가 성취한 대로 창업교육을 잘 따르면 지금껏 교육이 보여주지 못한 많은 가능성을 보여줄 수 있습니다. 창업교육을 통해 아이가 성취를 이루어가는 존재로 바뀔 것입니다. 경쟁자였던 친구가 파트너가 되고, 세상은 기회로 가득해집니다. 이것을 꼭 알려드리고 싶어서 책을 쓰게 되었습니다.

이 책은 우리 아이가 자신의 가치를 인정하고 미래를 긍정적으로 바라볼 수 있는 방법을 구체적으로 제시합니다. 제가 학교 현장에서 창업교육을 지도한 학생 수만 수만 명에 달합니다. 고집 센 아이, 말 안 듣는 아이, 욕심 많은 아이, 열정이 넘치는 아이, 어떤 아이라도 창업교육을 통해 잠재력을 보여주었고, 실로 그 변화는 놀라웠습니다.

아이가 삶을 주도적으로 살기 시작하면 부모는 자녀에게서 희망을 봅니다. 부모의 관점과 사고가 바뀌면, 가족의 인생이 바뀝니다. 스탠퍼드식 창업교육에 그 해법이 있습니다. 하루라도 빨리, 아이들에게 빛나는 미래를 선물하세요.

이민정

차례

2장

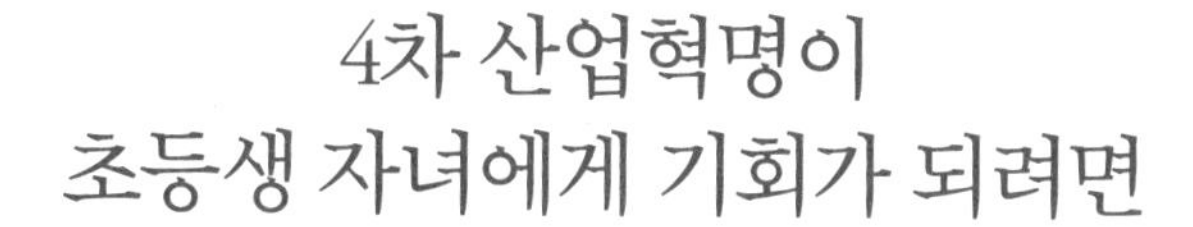

4차 산업혁명이 초등생 자녀에게 기회가 되려면

3장

스탠퍼드는 어떻게 탁월한 창업가를 키워냈을까?

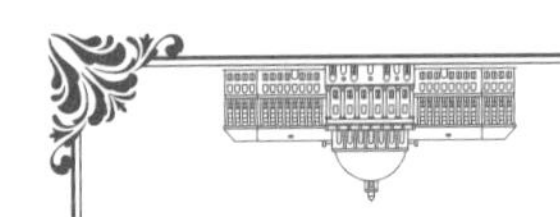

4장

글로벌 기업이 원하는 창업형 인재로 키우는 법

5장

놀면서 배우는 스탠퍼드식 창업교육

6장

2030년 우리 아이 미래, 어떻게 대비할 것인가

1장

스카이보다 중요한 것은 창업교육이다

“부자가 되고 싶으면 부자를 따라 하라.”고 했습니다.
4차 산업혁명 시대, 아이에게 ‘최소한의 미래’를 보장하려면
실리콘밸리의 리더들이 받은 교육에 답이 있습니다.

“저는 평범한 중산층 부모입니다.”

우리나라에서 서울대를 가장 많이 보내는 학교는 어디일까요? 고려대와 연세대라는 말이 있습니다. 실제로 모 재수학원에는 연고대 학생들만 모아 서울대를 준비하는 반을 꾸리기도 합니다. 고대나 연대는 우리나라 사람이라면 모두가 인정하는 최상위 대학입니다. 그런데 그 학생들 중 대다수가 서울대 진학을 목표로 합니다. 우리 교육의 최종 목표는 서울대 외에는 없는 것일까요? 우리 아이들은 서울대에 진학하지 못하면 인생에 실패한 것일까요? 고대, 연대에 진학한 아이가 서울대를 가기 위해서 반수한다고 할 때 그들의 선택은 어디서 온 것일까요?

그 선택에는 많은 이유와 속사정이 있습니다. 제가 다 알 수는 없겠지요. 하지만 우리 교육의 목표가 스카이에 들어가는 것이

어선 안 된다는 것을 이제는 많은 사람이 공감합니다. 한 인간의 존재감을 성적으로 재단하는 집단에서 찾는다면 우리는 평생 그 기준에서 벗어나지 못합니다. 우리 아이는 누군가를 앞서야 한다는 강박관념에 희생당하게 될 것입니다. 그럼에도 서울대를 향한 욕망은 한국 사회를 입시지옥으로 만들었습니다.

해마다 5월이면 열리는 아이비리그 대학 입학설명회는 각 대학 입학담당자들이 직접 한국에 와서 학교를 소개하는 자리여서 의미가 있습니다. 우리나라 대학 입학설명회는 입학 조건 위주로 설명한다면, 이들은 학교의 특징과 강점을 중심으로 학생들이 자신과 맞는 학교를 고를 수 있도록 합니다. 그리고 졸업생들이 참석해서 자신의 생생한 경험담을 나눕니다.

전 세계인이 선망하는 대학인 하버드 대학의 설명은 기대한 대로 인상적이었습니다. 미국 동부의 예쁜 캠퍼스 사진을 보여주고, 하버드 기숙사를 영화 '해리포터'에 나오는 호그와트 학교와 비교하면서 설명하는데 참 멋졌습니다. 상상 속에 존재하던 학교들이 실제로 있었고, 이런 곳에 제 자식들이 다닌다고 생각만 해도 가슴이 벅차올랐습니다.

이밖에도 힐러리 클린턴과 미국 전 국방장관인 매들린 올브라이트 여사가 나온 웰즐리 여자대학도 딸 가진 부모들에게 매력적인 곳입니다. 청중의 질문을 받고 학교 소개를 마무리하는 훈훈한 분위기가 이어졌습니다. 그런데 마지막으로 나온 스탠퍼드 대학의 학교 설명은 매우 달랐습니다.

"다른 설명은 하지 않겠습니다. 이 모든 회사가 바로 스탠퍼드 출신 학생들이 만든 기업들입니다." 제가 아는 글로벌 기업이 전부 미국에서, 그것도 스탠퍼드 대학 한곳에서 나왔다는 것에 충격을 받았습니다. 꽤나 인상적이었던 경험을 하고 난 뒤, 제가 창업대학원에서 공부하면서 스탠퍼드 대학의 업적들을 더 자세히 연구할 기회가 생겼습니다.

스냅챗을 아시나요? 사진이나 메신저가 시간이 지나면 자동으로 사라지는 휘발성 메시지 앱입니다. 현재 북미 10, 20대 사이에서 선풍적인 인기를 끌고 있는 이 어플리케이션 회사를 창립한 에반 스피겔은 놀랍게도 1990년생입니다. 〈포브스〉가 세상에서 가장 어린 억만장자로 선정한 그는 스탠퍼드 대학을 다녔고, 그때의 경험담을 이렇게 설명합니다.

> 웬델 교수의 수업을 들었던 것은 제게 엄청난 기회였습니다. 그 강의를 듣는 동안 제 왼쪽에는 구글 회장 에릭 슈미트가 있었고, 오른쪽에는 유튜브의 공동창업자 채드 헐리가 있었습니다. 수업이 끝나고 그들과 함께 식사를 하러 가서 그들의 이야기를 들을 수 있었고, 스콧 쿡과 같은 훌륭한 멘토를 만날 수 있었습니다.

에반 스피겔의 인터뷰를 보면 스탠퍼드의 창업 시스템이 얼마나 대단한지 엿볼 수 있습니다. 구글 회장과 같은 사람들에게 통찰을 받을 수 있고, 잘나가는 CEO와 교수진들로부터 투자나 전문기술에 대한 조언과 직접적인 도움을 받을 수 있는 곳이 바로 스탠퍼드입니다. '학문의 전당'이라는 대학에서 이루어지는 일로는 믿을 수 없는 수준입니다.

스탠퍼드 대학의 업적을 더 자세히 살펴볼까요? 스탠퍼드는 휴렛팩커드, 구글, 나이키, 인텔, 넷플릭스, 페이팔, 유튜브 등 셀 수 없이 많은 기업을 만들어냈습니다. 대다수가 스탠퍼드 대학의 수업 과정에서 생각한 아이디어를 '발전'시키고, 교수들의 도움으로 학교에서 투자자를 만나 성공한 경우입니다. 이 여파로 스탠퍼드 대학은 졸업 전에 창업한 학생들이 학교를 중퇴하는 일이 많아지고 있습니다. 에반 스피겔도 사업에 집중하기 위해 스탠퍼드를 중퇴했지요. 이 때문에 스탠퍼드는 학생들이 중간에 학교생활을 포기하지 않도록 돕는 방법을 고민하고 있다고 하니, 그 창업교육 시스템이 알면 알수록 놀랍습니다.

이뿐만이 아닙니다. 스탠퍼드는 학교에서 가르친 지식을 실리콘밸리에서 적용해보는 인턴 과정을 운영합니다. 이렇다 보니 스탠퍼드 졸업생들은 전 세계 회사가 군침을 삼키는 인재들을 배출하는 양성소가 되었습니다. 스탠퍼드가 '억만장자 공장'이라는 별칭을 가지고 있는 것도, 실리콘밸리가 '스탠퍼드의 제2캠퍼스'라는 별명이 붙은 것도 이런 이유입니다.

더 고민할 이유가 없습니다. 자녀가 있다면 스탠퍼드에 보내야 합니다. 이렇게 깔끔하게 정리될 수 있으면 제가 이 책을 쓰지도 않았겠지요. 4차 산업혁명 시대에는 과거의 교육이 더 이상 유효하지 않고, 스탠퍼드 대학 정도의 교육을 받아야 자녀들에게 최소한의 미래를 보장해줄 수 있을 것 같다는 데는 이견이 없을 것입니다. 하지만 한국에서 스탠퍼드 대학에 아이를 보내기란 현실적으로 매우 힘든 일입니다.

스탠퍼드를 졸업한 학생이 보여준 2015년도 학비 영수증을 보면, 미화로 7만 불이 적혀 있습니다. 한화로 8,000만 원에 가까운 큰 금액인데, 체재비까지 포함하면 1년에 1억 정도 예상됩니다. 한 아이의 1년 비용도 엄두가 안 나는데, 저는 아이가 둘이라 시도조차 불가능했습니다. 비용도 비용이지만, 스탠퍼드 대학은 입학 조건도 매우 까다롭습니다. 아이비리그 최상위 대학이라서 몇 달간의 준비로는 불가능합니다.

실제 스탠퍼드 정도의 대학을 보내려면 중3부터 준비해야 하고, SAT(미국의 대학수능시험)나 AP(미국의 대학과목선이수제) 같은 시험 준비를 많이 해두어야 합니다. 저는 시간적으로나, 경제적으로나 두 아이에게 스탠퍼드를 추천할 수 없는 평범한 중산층 부모입니다. 그래서 현실과 타협해서 큰애는 캐나다에서 스탠퍼드와 가장 비슷하다는 워털루 대학으로 진학시켰고, 작은애는 스카이 대신에 스탠퍼드의 창의적인 사고기법을 개발한 '디스쿨D School'을 한국에 적용시킨 씨스쿨을 운영하는 성균관대에 진학시켰습니다.

아이비리그나 스카이 같은 기존의 대학 평가보다 기업가정신을 잘 배울 수 있는 창업교육에 기준을 두고 대학을 선택한 것입니다. 제가 할 수 있는 최선의 선택이었지만, 스탠퍼드를 보내지 못하는 아쉬움이 항상 남았습니다. 그래서 스탠퍼드 교육을 직접 연구해 아이들에게 가이드하기 시작했고, 지금은 학교와 사교육 단체에서 먼저 찾아오는 강의로 발전시켰습니다. 잘나가던 입시강사에서 창업교육 전문가에 이르기까지, 기나긴 과정에서 유의미한 결과물이 나왔고, 저는 앞으로 아이들을 어떻게 가르쳐야 하는지 구체적인 실마리를 얻게 되었습니다.

그래도 한국은 스카이가 최고 아닌가요?

한때 아이들을 남부럽지 않은 대학에 보내고 싶은 열망이 컸습니다. 아이들을 스카이에 진학시키는 것은 제게 노벨상보다 더 멋진 훈장처럼 보였고요. 거기다 제가 쌓아온 입시교육 커리어를 봤을 때 저는 누구보다 아이들을 잘 가르친다는 자신감이 있었습니다. 제 뜻대로 된다면 아이의 학업은 탄탄대로를 가겠다는 확신도 있었습니다.

그런 믿음 때문인지 아이의 교육 문제는 언제나 저 자신보다 최우선이었습니다. 자연히 저의 모든 커리어는 아이의 성장과 밀접하게 발전했습니다. 아이가 유치원생이던 시절에는 영어유치원에서 영어를 가르쳤고, 초등학생일 때는 초등학생과 입시생을 동시에 가르쳤습니다. 아이들이 중학생이 되자 엄마가 입시 계통에서 일하는 것을 매우 싫어했습니다.

엄마가 입시전문가라는 것이 자녀의 입장에서 마음의 짐이자 부담이었던 것 같습니다. 그래서 잠시 공백기를 가졌고, 이후 교육회사에서 취업전문가로 활동하게 되었습니다. 오랜 입시교육에 지쳤을 무렵, 취업전문가로 일하게 된 것은 매우 기대되는 일이었습니다. 그동안 제가 가르쳐온 학생들이 어떤 모습의 대학생이 되었을지 궁금했거든요. 그렇게 다시 만난 제자들, 즉 대학생들의 모습은 충격 그 자체였습니다. 아이들은 마치 녹음기를 틀어놓은 것처럼 같은 말만 반복했습니다.

- "저는 잘하는 게 없어요."
- "제가 뭘 해야 하는지 모르겠어요."
- "저는 여태까지 한 게 하나도 없어요."
- "어느 직무에 지원해야 하는지 모르겠어요."

열심히 가르쳐서 대학에 보냈고, 대학 가서 잘 살고 있으리라고 생각했던 기대는 처참하게 무너졌습니다. 아이들을 어떻게 도와줘야 할지 감이 잡히지 않았습니다. 입시보다 취업이 쉬울 줄 알았는데, 완전히 잘못 생각한 것입니다. 좋은 일자리가 많지 않았고, 그 일자리에 갈 수 있는 아이들은 한정되어 있으니까요.

아이들과 취업 상담만 하고 오면 우울했습니다. 괜찮은 일자리가 적다는 객관적인 이유도 있었지만, 궁극적으로 취업이 가능할 정도로 역량이 준비된 학생들이 별로 없다는 것도 사실이었습니다. 제가 고민 끝에 선택한 것이 창업교육이었습니다. 그리고 그 선택은 우리 아이들의 대학 입시와 시기가 정확히 맞아떨어졌습니다.

사람들은 보통 의지, 끈기, 아이디어, 지능이 신의 계시처럼 하늘에서 뚝 떨어지거나, 타고나는 것이라고 생각합니다. 공부를 잘하는 학생들은 이런 능력도 으레 뛰어나리라는 믿음과 기대를 등에 업고 자라고, 저도 그런 눈으로 학생들을 보았습니다. 하지만 스탠퍼드의 창업교육은 창의성, 의지, 끈기, 이 모든 것이 타고난 역량이 아니라 학습 가능한 능력이라고 주장합니다. 그리고 이 주장은 혁신 IT 기업의 성공적인 창업이라는 결과로 증명되었습니다. 창의적 아이디어는 시장의 반응을 볼 때까지 그 가치를 알 길이 없기 때문입니다.

에어비앤비의 초기 비즈니스 모델을 보고 투자자들이 한 말은 유명합니다. "멀쩡한 자기 집을 두고 누가 남의 집에서 자고 싶겠어요?" 에어비앤비 창업가인 브라이언 체스키가 그 투자자의 말을 믿고 비즈니스를 접었다면 현재 공유경제의 대표적인 회사인 에어비앤비는 탄생하지 않았을 것입니다. 하지만 누가 그 전문가의 말이 틀렸다고 평가할 수 있을까요? 혁신의 척도는 시장이 판단하는 것이 가장 정확합니다.

이런 일련의 사례들을 보면서 엘리트 양성을 위해 제가 믿어온 교육관에 의구심이 들었습니다. 물론 스탠퍼드 학생들이 우수한 것은 사실입니다. 하지만 그들의 창업 노하우를 살펴보면 우리가 기대해온 우수 집단이 보여주는 모습과 많이 다릅니다. 제가 신념으로 여기던 교육관이 흔들리던 시기에 박근혜 정부의 국정농단이 있었고, 우병우라는 엘리트의 민낯을 보면서 성적 지상주의가 낳은 폐혜를 여실히 느낄 수 있었습니다.

그 무렵 미국 보스턴에 있는 조카가 대학 입시를 앞두고 있었습니다. 조카와 친해서 자주 연락하는 편인데, 거기서도 하버드 대학 입학은 무척 어렵고 사람들에게 인정받는 일이라고 합니다. 아이비리그 입학생이 나온 학교는 대대적으로 그 경력을 내세워 자랑하는 것이 한국과 같았습니다. 그리고 친구들 중엔 부모가 하버드를 나와서 자신도 꼭 하버드에 가야 한다고 입시 스트레스에 시달리는 아이들도 많았습니다. 그리고 하버드 입시에서 부모가 하버드 출신인 것은 '레거시legacy, 과거로부터 물려 내려온 유산'라고 하면서 매우 유리하게 작용한다고 합니다. 이 때문에 부모가 하버드를 나오지 않은 성적 우수 학생들은 거기서 오는 스트레스도 대단하겠지요.

하버드는 전통적인 엘리트 관점에서 인재를 양성하고, 이렇게 양성된 인재가 보통의 사람들을 관리할 특별한 '자질'이 있다고 생각합니다. 그들은 소수가 집단을 리드한다는 사고를 잘 보여줍니다. 이런 관점에서라면, 영재나 천재는 타고나는 것입니다. 이런 하버드의 인재 의식은 우리나라에도 영향을 미쳐서 우리는 여전히 1명의 인재나 천재를 키워내는 데 에너지를 쏟아붓고 있습니다. '영재발굴단'이나 '뇌섹남' 같은 TV 프로그램이 큰 인기를 끌

정도로 한국에는 영재나 천재에 대한 강한 갈망이 있습니다.

하지만 이제는 '공동사고'의 시대입니다. 개인의 지식은 인공지능을 뛰어넘을 수 없습니다. 이제는 1명의 천재를 키우는 것보다 조직의 힘을 강화할 수 있는 팀워크를 키우는 방법에 더 집중해야 합니다. 이를 위해서는 소통능력을 바탕으로 팀으로 움직일 줄 아는 팀메이츠teammates를 키우는 데 전력을 다해야 합니다. 이것이 바로 4차 산업혁명에서 살아남는 유일한 길입니다. 다행히 팀메이츠는 훈련을 통해서 얼마든지 키워낼 수 있습니다.

이 사실을 깨닫고 나면, 대학을 결정하는 데 다른 선택지가 생깁니다. 기업가정신을 잘 가르치고 창업할 기회를 제공하는 것이 스카이보다 훨씬 중요해지자 새로운 가능성이 보였습니다. 제 자식들 역시 스카이가 목표였지만, 더는 스카이만 고집할 필요가 없어졌습니다. 이런 자각이 없었다면 저는 아이들이 스카이를 갈 때까지 재수를 시키고, 삼수를 시켰을 것입니다.

만약 아이가 커서 무엇이 되고 싶다거나 무엇을 해야 할지 목표가 없다면, 대학 입시에서 목표는 무조건 스카이가 됩니다. 서울대, 고려대, 연세대 이외의 대학 진학은 사실상 '실패'입니다. 대학은 하고 싶은 일을 할 수 있는 기회를 제공하는 곳이어야지, 입학하기 전부터 실패자라는 낙인을 찍는 곳이라면 이것이 과연 옳은 일일까요?

제 주변에도 스카이를 목표로 초등학생 때부터 엄격하게 가르치는 학부모들이 참 많습니다. 서울대를 가지 못해 삼수하고,

사수하는 학생들이 주변에 넘쳐납니다(재수는 기본이라고 하지요). 스카이 진학이라는 목표를 이루기 위해 노력하는 이들의 모습에 심히 우려가 됩니다. 아이들을 명문대에 진학시키기 위한 부모의 피나는 노력이 대학 진학에만 그친다면, 그것이 아이의 미래에 어떤 의미가 있을까요? 스카이가 아니라 다른 대학에 진학해도 인생에서 성공할 수 있는 것 아닐까요?

'전공'과 '직업'이 없을 때가 적기다!

스탠퍼드 교육에 대해 연구할수록 이 교육이 어려서부터 진행되어야 한다는 확신이 들었습니다. 우리나라는 입시교육의 폐해가 학년이 올라갈수록 커집니다. 초등학생 자녀를 키우고 있다면 누구보다 잘 아실 것입니다. 믿기 힘들겠지만, 저희 회사에서 진행하는 모든 프로그램은 전 연령대에서 동일하게 진행됩니다. 그리고 초등학생들의 프로그램 성과가 가장 좋습니다. 어른들은 반칙과 편법을 쓰려고 하지만, 아이들은 문제의 본질에 더 빨리 접근하고 게임을 공정하게 진행합니다. 아이들은 짧은 시간에 적응하고 다양한 아이디어를 내놓습니다.

이런 교육 프로그램의 모태가 된 스탠퍼드의 디스쿨은 세계적인 컴퓨터 소프트웨어 회사인 SAP를 공동창업한 하쏘 플래트너

Hasso Plattner가 만들었습니다. 그는 잡지에서 디자인컨설팅 회사인 아이데오IDEO의 디자인씽킹Design Thinking 철학을 읽고, 이 방법이 널리 퍼져야 한다는 신념을 가지고 스탠퍼드 대학에 350만 달러를 기부했습니다. 그래서 디스쿨의 정식 명칭은 '하쏘 플래트너 디자인 연구소Hasso Plattner Institute of Design'입니다.

스탠퍼드가 팀 활동에 강한 인재를 양성할 수 있었던 것은 이 디스쿨에서 공동사고를 통해 창의적인 도약을 할 수 있는 경험을 제공했기 때문입니다. 4차 산업혁명 시대에 공동사고는 올바른 의사결정을 하고 아이디어를 생성해내는 유효한 방법으로 알려져 있습니다. 하지만 그 방법이라는 것이 참 모호해 규정하기 어렵습니다.

디스쿨은 효과적인 공동사고를 위해 학습 공간을 디자인하고, 팀원들의 의견을 모으는 회의 방법 등을 세밀하게 계획해서 운영하기 때문에 비교적 개인의 능력에 크게 영향받지 않고 효과적인 결과를 낳을 수 있습니다. 그리고 이들은 공동사고의 과정에서 자연스럽게 나타나는 혼란을 가리켜 '계획된 혼란'이라고 부릅니다. 이런 혼란은 어린 학생들에게 아주 익숙합니다. 디스쿨 프로그램이 초등학생들에게 큰 효과가 있는 이유이기도 하지요.

학생들은 신나게 자신의 고정관념을 깨고, 아이디어가 나오는 과정을 어른들보다 즐깁니다. 자신의 아이디어가 인정받으면 자존감이 올라가는 것을 느낍니다. 학업으로만 평가받던 아이들이 아이디어의 가치를 느끼는 계기가 됩니다. 아이들은 고정관념에 도전하고 상상력을 최대한 넓히는 과정에서 세상과 새로운 방식으로 소통하는 방법을 익히게 됩니다.

디스쿨의 프로그램은 스탠퍼드 학생이라고 해서 전교생이 다 들을 수 있는 것은 아닙니다. 이 프로그램에 참여하고 싶다면, 지원동기를 써서 제출하고 까다로운 면접에 응시해 4대1의 경쟁률을 통과해야 합니다. 이런 복잡한 절차들은 보다 다양한 학생들과 좀 더 강력한 동기를 가진 학생들이 협업해야 좋은 결과를 끌어낸다는 디스쿨의 철학을 지키기 위한 과정입니다. 디스쿨의 참가자 선정 과정은 앞서 언급한 글로벌 기업들의 인사관리 제도와 매우 비슷합니다. 조직에서 기업경쟁력 강화를 위한 핵심적인 기능을 담당하지요.

그렇다면 디스쿨에서는 '기업가정신'을 어떻게 가르치고 있을까요? 디스쿨 교수이자 스탠퍼드 창업교육의 근본을 만든 티나 실리그Tina Seelig의 저서 《시작하기 전에 알았더라면 좋았을 것들》에 이런 에피소드가 있습니다. 하루는 두 학생이 찾아와 디스쿨이 너무 인기 있는 강좌라 도무지 수업을 들을 길이 없어 속상하다고 했답니다. 교수는 수강 첫날 와보고 취소한 학생이 있으면 등록시켜주겠다고 조언했습니다. 1명은 이렇게 인기 있는 강좌를 취소하는 학생이 없을 것이라고 생각해 오지 않았고, 다른 1명은 교수의 조언대로 와서 취소한 학생의 자리에 등록했습니다.

당연히 등록한 학생이 바람직한 기업가정신을 지닌 사례로 묘사됩니다. 이 이야기에서 스탠퍼드 학생들 역시 디스쿨에 참여하고 프로그램을 이수하는 것이 쉽지 않은 것을 알 수 있습니다.

애초부터 남다른 도전정신이 필요해 보입니다.

대학생인 저의 두 딸도 이 부분에 관해서 크게 공감합니다. 학기 중에는 시험기간과 과제에 치여서 학기를 시작하면 밥도 못 먹고 에너지 드링크로 연명하는 날들이 반복된다고 합니다. 하물며 학위와 전혀 상관이 없고, 학점에 들어가지 않는 과목을 이수한다는 것은 엄청난 스트레스겠지요. 스탠퍼드 학생들 역시 이런 스트레스가 적지 않을 것입니다. 그럼에도 디스쿨은 학생들이 서로 들어가겠다고 줄을 섭니다. 이유가 무엇일까요?

디스쿨에서 대학생들은 대학원생들, 그리고 교수님들과 프로젝트를 함께 해나갑니다. 대학에서 이런 경험을 할 수 있는 곳은 디스쿨 외에 거의 없고, 학생들은 이런 공동사고의 즐거움과 성과를 잘 알고 있기 때문에 신청하는 것입니다. 그래서 저는 공부에 대한 압박감이나 부담감이 덜하고, 전공과 성적에서 조금은 자유로운 초등 저학년일수록 이 프로그램을 진행하면 효과가 좋다고 말합니다.

디스쿨에서 가장 유명한 디자인씽킹은 가르치기 어려운 것으로 유명합니다. 수업 후기도 각양각색입니다. 수강생들의 수준에 따라 만족도가 매우 달라지는 프로그램인데, 제 프로그램에서는 초등학생들을 대상으로 수업을 진행해본 경험이 전체 프로그램의 수준을 높여주는 계기가 되었습니다. 그래서 우리 회사의 디자인씽킹 수업은 가장 인기 있는 프로그램이기도 합니다. 공감능력이 점점 떨어지고 있는 요즘 아이들에게 효과가 매우 크니까요.

다양한 연령대에서 디스쿨 프로그램을 진행하면서 알게 된 사실은 직업과 전공이 한 번 정해지고 나면, 선호도나 고정관념이 상당히 견고해진다는 것입니다. 대학생들의 전공 지식이 그리 전문화된 지식이 아님에도 불구하고 자신의 전공 프레임에 사고가 갇히는 것을 자주 봅니다.

한 대학에서 디자인씽킹 수업을 했을 때의 일입니다. 팀 구성원들이 전공과 아주 밀접한 아이템만 가져와서 창업 아이디어로 발전시키기가 매우 힘들었습니다. 예를 들어 '심장 박동 체크기'를 가져온 학생들은 아이템을 구상하게 된 동기가 전기과라는 이유였고, '지하수도관 폐쇄여부 탐지기'를 가져온 학생들은 무조건 땅을 파서 탐지기를 부착할 것이라고 했습니다. 이 팀은 전부 토목과 학생들이었고, 아이템을 발전시키기보다 '땅을 어떻게 팔 것인가'에 더 골몰하고 있었습니다.

반면 초등학생들은 어떤 프레임을 한 번 인지하면 사고체계가 그 프레임에 맞게 재정비됩니다. 가령 한국계 미국인에게 한글 단어를 보여주고 나서 그에 해당하는 이미지를 보여줄 때와, 영어 단어를 보여주고 나서 그에 해당하는 이미지를 보여줄 때 각 경우에서 추출하는 아이디어가 다르다는 연구결과가 있습니다. 즉, 창의적인 사고를 위한 디스쿨 프로그램은 전공이나 직업, 문이과에 대해 선입견을 가지고 있지 않을 때 가장 효과적입니다.

진로 의식이 생기기 전에 공동사고의 방법을 먼저 익히면 더욱 폭넓게 사고가 확장될 수 있습니다. 그리고 더 열린 사고를 할 수 있습니다. 창의적인 사고를 하고자 할 때 내가 문과라는 것을 인지하면 과학적 상상력을 전혀 사용하지 않습니다. 하지만 공동 사고는 능력치에 상관없이 혁신적인 아이디어를 창출할 수 있습니다. 따라서 이런 사고의 경험은 어릴수록 효과적입니다. 1살이라도 어릴 때 창업교육을 시작해야 합니다.

자신이 스스로 '사업가'라고 인지하면 모든 것이 기회다

아이들이 대학에 입학하고 나니, 전혀 생각지 못했던 문제들이 시도 때도 없이 튀어나왔습니다. 사회성을 길러준다고 나름대로 이것저것 시키며 키웠는데, 막상 덩치만 큰 아기라는 것을 실감했습니다.

아이들이 대학 생활에서 마주한 가장 큰 문제는 '밥'이었습니다. 부엌이 있는 큰애는 바빠서 밥을 해 먹을 수 없었고, 부엌이 없는 작은애는 부엌이 없어서 밥을 사 먹어야 했습니다. 부엌이 없는 아이는 기숙사가 학교랑 먼 것도 문제였는데, 연락만 했다 하면 불만을 토로하니 부모 입장에서 속상했습니다. 그래서 제시한 것이 기숙사 밥 문제를 '창의적'으로 해결해보라는 과제였습니다.

대학에 입학하기 직전에 스탠퍼드식 교육법을 가르쳤던 것은 여기서 유효했습니다. 문제해결력이 중요하다는 것을 이미 알고 있었던 아이는 제 의도를 파악하고 어쩔 수 없이(?) 스스로 해결하기 시작했습니다. 제가 아이에게 바랐던 모습은 이런 것이었습니다. 기숙사에서 생활하는 학생들끼리 단체로 도시락을 정기주문한다든지, 학교와 협상해서 의미 있는 결과를 도출해낸다든지 이런 창의적인 행동이었습니다. 그런데 아이는 무난하게 자취를 택했습니다. 자취를 시작한 후에도 밥해 먹을 시간이 없다고 몇 번 불평하기에 창의적 해결법을 제안했더니, 지금은 군말 없이 집에서 통학합니다.

엄마 된 입장에서 자식이 불평하면 듣기 괴롭습니다. 해결책을 제시해주려고 하면 반발하고, 해결책을 주지 않고 공감만 해주면 무관심하다고 불만입니다. 그래서 제가 생각한 것은 문제를 해결하는 기술인 창업교육을 적용하는 것이었습니다. 불평과 불만이 많은 아이에게는 직방입니다. 하루는 지인이 사춘기에 접어든 중학생 자녀 때문에 골치가 아프다고 하기에 디자인씽킹을 권했습니다. 불만을 토로할 때마다 가족이 모여 회의를 진행했고, 가족끼리 함께 고민을 나누게 했습니다. 이 과정에서 아이가 스스로 문제점을 파악하고 해결책을 찾아냈는데, 문제가 해결됐을 뿐만 아니라 성적까지 월등히 좋아졌다고 했습니다.

남의 집 아이는 이렇게나 말을 잘 듣습니다. 사실 1살이라도 어릴수록, 그리고 부모 말을 잘 듣는 아이들일수록 빠르게 긍정적인 결과가 나옵니다. 하지만 우리 아이는 그렇지 않잖아요? 저희 아이들은 20살 먹은 성인이고, 머리가 클 만큼 커서 제가 기대한 만큼 바뀌지는 않았습니다. 그렇더라도 제게 불만을 토로할 때마다 디자인씽킹을 하라고 하니 아이들이 귀찮았는지 알아서 해결책을 찾아왔습니다. 일단 아이들의 불평, 불만에 대처할 수 있게 된 것만으로 고맙게 생각하고 있습니다. 이밖에도 제가 경험한 창업교육의 순기능은 다음과 같습니다.

- 무일푼으로 성공한 사람들의 사례를 보면서 나의 인생에서 가장 중요한 것은 나 자신이라는 것을 확실히 인식합니다.
- 문제를 만났을 때 불평, 불만보다는 문제를 다른 각도에서 바라보려고 하는 최소한의 마음가짐이 분명히 생깁니다.
- 흙수저, 금수저라는 틀에서 벗어나 자기 자신을 변화시키고, 노력하면 성공할 수 있다는 진리를 일깨웁니다.

제가 창업이론을 몰랐다면 아이들에게 아르바이트하지 말고 공부만 하게 했을 것입니다. 아르바이트를 꼭 하겠다면 과외 교사나 학원 강사 같은 일만 추천했을 것입니다. 과외는 시급이 쏠쏠해서 아르바이트를 용돈의 개념으로만 접근하면 최고의 선택입니다. 하지만 저는 아르바이트를 최소한의 '사회 경험'으로 생각하고, 가능하면 자신의 사회적 역량이 어느 정도인지 확인해보는 기회로 삼으라고 조언했습니다.

스탠퍼드식 창업교육을 통해 아이들은 비용을 들여서라도 다양한 경험을 하려고 했고, 아르바이트 역시 자신이 일하고 싶은 분야와 관련된 일을 하려고 노력했습니다. 작은애는 월트디즈니에서 일하는 것을 목표로 하고 있습니다. 그래서 한국에서 유사 경험을 쌓기 위해 CGV 영화관에서 미소지기로 일하고 있는데요. 어르신들이 함께 데려온 손주에게 제 딸을 가리키며 "공부 열심히 안 하면 저런 일한다."고 뒷담화 하는 것을 들은 적이 있다고 합니다. 우리나라에서는 아직까지 현장에서 일하는 것을 지식이나 공부가 부족한 사람들이 하는 일이라고 생각하는 것 같습니다.

한국 학생들은 지식이 많은 데 비해 사회 경험이 비정상적일 정도로 적습니다. 이것이 혁신적인 아이디어가 나오는 데 가장 큰 걸림돌로 작용하고 있습니다. 혁신적인 아이디어는 현실 경험에서 나오는 것인데 말입니다. 창의적인 아이디어를 내고 싶다면, 제대로 생각하는 법부터 배우고 무엇이든지 경험해보는 것이 전제 조건입니다.

일자리가 사라지는 속도가 예상보다 빠르게 진행되면서 문제가 점점 더 커지고 있습니다. 일자리가 없어지는 것을 걱정하면서 일자리를 만드는 방법을 가르치지 않는 것은 미친 짓입니다. 창업이야말로 일자리를 스스로 만들어내는 방법인데, 일자리가 없어 걱정이 되면 창업교육에 더 매진해야 하지 않을까요? 그런데 우리는 영어, 수학 과목을 가르치는 데만 집중하고 있습니다.

공부는 순수 학문으로 접근해야지 취업 훈련이 되어서는 안 된다고 하는 사람이 많습니다. 그것은 현실을 너무나 모르는 말입니다. 다른 나라들은 다음 세대의 생존을 위해 전력을 다하고 있습니다. 학교보다는 회사에서 일을 배우는 것을 더 장려하고, 신기술을 개발하면 그 사용 범위를 연구해서 '실용화'시키는 데 중점을 두고 있습니다.

그런데 한국 대학에서는 이론만 고수하는 교수님들이 너무나 많습니다. 취업전문가로 일할 때 특히 명문대 교수님들의 구직협력을 구하기가 쉽지 않았습니다. 차라리 중하위권 대학의 교수님들은 학생들의 취업에 적극 나서는 분들이 많았는데 말입니다. 한국 대학을 세계 대학의 수준과 비교해보면 그럴 여유는 없을 것 같은데, 참으로 안타까운 일입니다.

전 세계의 교육 추세가 학령기에 들어서는 학생들에게 경제교육과 기업가정신 교육의 비중을 점점 더 늘리고 있습니다. 과거 우리나라 교육부에서도 학생 소셜벤처를 적극적으로 시도한 적이 있습니다. 그 결과로 일부 학생들은 학교에서 매점 역할을 하는 마을 학교 공동체를 운영하기도 했습니다. 교육부의 이런 시도는 기업가로서의 경험이 얼마나 중요한지 알고 있기 때문입니다. 이런 경험을 해본 학생들은 공부만 하는 학생들과 사고방식이 완전히 다릅니다.

창업교육은 누구나 창업가가 되는 것을 목표로 하는 것은 아닙니다. 창업하는 사람들을 돕는 조력자로 일하는 것 역시 일자리를 만드는 일입니다. 일을 만들 수 있다면 기업과 협상도 가능합니다. 즉, 기업에 일을 달라고 하는 것이 아니라 기업에 일을 제안할 수 있습니다.

가령 구글 맵을 개발한 사람은 스스로 창업하는 대신 구글에 들어가서 맵을 만드는 것을 제안하면서 엄청난 스톡옵션을 받았습니다. 그들이 스스로 맵을 만들었다면 리스크가 컸겠지만, 좋은 기업을 찾아서 제안하면 리스크를 없애고 빠르게 수익을 창출할 수 있습니다. 고용돼야 일할 수 있다는 패러다임에서 벗어나 스스로 움직이는 힘을 터득한 사람들에게는 이런 일이 가능합니다. 그러기 위해서는 자기 자신을 사업가로 볼 수 있는 시야가 생겨야 합니다. "나도 사업가가 될 수 있다."는 자각이 생기면 모든 것에서 의미를 찾으려는 태도가 생깁니다.

같은 일을 해도 생각 없이 하는 사람이 있고, 다르게 생각하면서 일하는 사람이 있습니다. 그런데 어떤 생각을 해야 하는지 학생들에게 가르치는 것은 어려운 일입니다. 저는 제 아이들에게 자신을 사업가라고 생각하라고 독려합니다. 여행 계획을 짤 때도 사업가로서 아이디어를 내보라고 시킵니다. 특히 제 돈이 들어갈 때는 이것을 더 강요하는 편인데, 그냥 보내는 것보다 확실히 많이 배운다는 것을 알게 되었습니다. 비용도 아낄 수 있고, 새로운 관점으로 세상을 바라보더군요. 만약 제가 아이들에게 이런 요구를 하지 않았다면 둘이 인생사진만 잔뜩 찍으러 다녔을 것입니다.

자녀들에게 집안일에 대해 책임과 권리를 지워주는 것부터 시작해보세요. 어른들 못지않은 역량을 보여줍니다. 보통 가정에서 집안일을 분담할 때 아이들에게 '책임'만 지워주는데, 개선점을 생각해볼 수 있는 '권리'도 함께 주세요. 쓰레기를 버리든, 방 청소를 하든 좀 더 나은 방법을 생각하게 해서 새로운 아이디어를 내라고 말입니다. 그리고 그 용기와 노력을 적극 칭찬해주고 의견에 따라보면 어떨까요? 어설픈 아이디어라도 무조건 해보는 것입니다. 해보고 나서 그 결과를 체험하는 것은 아이들에게 기업가정신을 심어주는 가장 기초적인 일입니다.

이렇게 말해보세요!

힘든 집안일을 할 때마다 "쓰레기는 이렇게 버리는 거야.", "네 방은 네가 치워야 엄마가 덜 힘들지!"라고 말하지 않았나요? 아이들에게 의견을 물어보세요. 생각지 못한 아이디어들을 들을 수 있습니다.

- "엄마가 쓰레기 버리기가 힘이 드는데. 어떻게 하면 좋을까?"
- "엄마가 매일 설거지하느라 손이 시린데. 어떻게 하면 좋을까?"
- "엄마가 ○○(이) 방을 청소하느라 힘이 다 빠졌어. 어떻게 하면 좋을까?"

딱 1가지만
아이에게 가르칠 수 있다면

큰애가 오랜만에 귀국했을 때의 일입니다. 토론토에서 출발하는 비행기가 연료가 다 떨어져 3시간 연착된다는 어이없는 이야기를 들었습니다. 연계된 비행기를 놓치게 돼서 시카고에서 숙박한다고 했습니다. 항공사 과실이라 공항 근처에 있는 힐튼 호텔에서 하룻밤 묵는다고요. 빠듯한 일정이라 귀국하면 병원 예약이 줄줄이 밀려 있어 하루하루가 소중했는데, 아이는 힐튼 호텔에서 처음으로 자본다고 속없이 신났습니다.

하룻밤을 머무는 것만으로 기분이 좋아지는 세계적인 호텔 체인인 힐튼 호텔은 제 강의에서 가장 많이 나오는 회사 중 하나입니다. 아이디어의 가치를 비교할 때 비교 군으로 설명하는 곳입니다. 힐튼 호텔의 안락함은 가본 사람이나, 안 가본 사람 모두에게 짐작이 가는 이미지가 있습니다. 호텔 사진을 몇 장만 봐도 사람들은 최고의 서비스를 예상할 수 있으니까요.

미국에만 호텔이 342개가 있고, 전 세계에 직원이 16만 명에 달합니다. 기업 가치는 20조 원에 이르고, 매년 8,000억 원 이상의 순수익을 올리는 명실상부한 세계 최고의 호텔입니다. 그런데 최근 믿기지 않은 일이 생겼습니다. 2016년 단 1개의 호텔도 없이 작은 사무실 몇 개만 가진 신생 스타트업이, 세계 1위인 힐튼 호텔을 제치고 숙박산업 1위를 차지한 것입니다. 바로 에어비앤비입니다. 에어비앤비는 스탠퍼드 출신 기업가가 만든 벤처 캐피탈 회사(와이 컴비네이션)가 투자해서 빠르게 성장한 스타트업 중 하나입니다.

에어비앤비는 온라인에 기반한 숙박 공유 스타트업입니다. 앞서 언급한 투자전문가가 "자기 집을 두고 누가 남의 집에서 자고 싶겠느냐?"라고 말한 아이템입니다. 사무실 숫자나 규모에선 힐튼과 비교도 되지 않는 영세한 규모입니다. 그런데 어떻게 기업 가치가 힐튼 호텔을 넘어섰을까요? '미래 가치'를 높이 평가한 수치라고 말하는 투자자도 있지만, 사업적 측면에서 보면 에어비앤비가 힐튼 호텔보다 더 많은 기회를 가지고 있습니다. 일단 힐튼이 호텔을 짓고 운영하려면 어마어마한 자본이 필요합니다. 위험부담이 상당히 큰 사업이고, 아무리 호텔을 많이 짓는다고 해도 고객이 접근 가능한 곳은 제한적일 수밖에 없습니다. 힐튼의 수익이 아무리 많아져도 그 이익은 경영진과 소수의 투자자들에게만 돌아갑니다.

그런데 에어비앤비는 이런 위험 요소가 거의 없습니다. 이미

지어져 있는 집들을 활용하니까, 거의 모든 집이 비즈니스 대상입니다. 그리고 에어비앤비의 수익이 높아질수록 집을 제공하는 사람들도 수익을 얻을 수 있는 구조로, 힐튼과 비교가 되지 않는 영리한 비즈니스 모델을 갖추고 있습니다. 부가가치 측면에서도 에어비앤비는 어떤 호텔이나 숙박업소보다 유리합니다. 물론 부작용도 많이 언급되고 있지만 비교적 초창기 모델인 점을 감안하면, 곧 해결될 문제라는 것이 투자자들의 생각입니다.

이런 말도 안 되는 역전을 가능케 하는 것이 바로 4차 산업혁명입니다. 한국에서는 조물주 위에 건물주가 있다고 일컬어지는 부동산의 가치를 아이디어 하나로 역전한 것입니다. 이 원동력이 바로 불가능에 도전하는 기업가정신이고, 이런 관점으로 보면 기업가정신은 21세기 버전의 연금술과 다를 바가 없습니다.

또 다른 예가 있습니다. "페이팔(이메일 기반 결제 시스템을 만든 미국 초기 벤처기업) 마피아"라고 불리는 사람들입니다. 페이팔로 억만장자가 된 사람들은 그 돈을 다시 벤처기업에 투자해서 지금의 실리콘밸리를 만드는 데 결정적인 역할을 했습니다. 페이팔 마피아들은 계속되는 성공을 거둬 모두 "연쇄 창업가"라고 불립니다. 즉, 성공했음에도 멈추지 않고 계속해서 혁신 기업을 만들거나 만드는 것을 돕습니다. 그들은 마치 혁신 창업의 성공 공식을 알고 있는 듯합니다. 대표적인 예로 일론 머스크를 보면 그의 아이디어는 언제나 혁신적이고, 그는 기업가정신이 가장 높은 사람이라고 평가받습니다.

이런 사람들을 천재라고 부르면서 우리 아이가 천재가 아닌 것에 절망할 필요는 없습니다. 클라우드 브리스톨이 《신념의 마력》이라는 책에서 주장한 대로 "사업으로 성공한 사람들은 생각으로 성공한 것"이라는 것을 알고, 창업가들의 생각을 만들어내는 원동력인 기업가정신을 아이들에게 가르치면 됩니다. 기업가정신을 키워줄 수 있다면 그야말로 건물주보다 나은 유산을 물려주는 셈입니다. 물론 천문학적인 가치를 가진 기업을 만들어내는 것만이 기업가정신은 아닙니다. 아이들이 자기만의 인생을 자기만의 아이디어로 살아가는 데도 기업가정신이 필요합니다.

근로계약서를 작성할 때 우리는 이미 모든 것이 결정된 계약서에 사인합니다. 얼마 동안 일할 지, 얼마를 받을 것인지, 무슨 일을 할지 등등에 대해서 말이지요. 이 계약 조건은 고용주에 의해 이미 정해진 것이고, 직원은 거기에 동의하는 것입니다. 고용주가 일방적으로 정한 계약 내용이기 때문에 직원 개인이 추구하는 삶의 가치와 딱 맞아떨어지기가 힘듭니다. 대신 직원의 입장에서는 리스크가 낮기 때문에 위험부담이 상당 부분 덜어집니다.

나의 아이디어에 따라 사는 것과 남의 아이디어로 사는 것은 동전의 양면과 같습니다. 내가 만족을 어디에서 느끼는지는 나만 알기 때문에 어느 것이 옳고 그르다고 말하기 어려운 일입니다. 아이의 성향이 조직 생활에 맞지 않거나 아이가 해보고 싶은 게 있는데 조건이나 환경에 제한이 있다면, 창업이라는 대안이 있다는 것도 꼭 알려주세요. 다른 가능성을 차단하고 구직만 정답이 된다면, 우리 아이들은 평생 다른 길은 생각해보지도 못합니다.

실은 제가 이런 경험을 했기 때문입니다. 젊은 시절에 조직 생활이 맞지 않아서 고생을 참 많이 했습니다. 남들이 선호하는 한국 최고의 은행에 취직했지만, 거짓말 하나도 안 보태고 매일 울고 다녔습니다. 아침 일찍 출근하는 것부터 시작해서 동료 여자 직원들과 기 싸움하는 것이 지옥 같았습니다. 더욱이 여직원들 사이에서 제가 유일하게 대학을 졸업했는데, 틈만 나면 저를 험담하는 동료들 때문에 인간관계에 치를 떨었습니다. 주변 사람들은 그 좋은 은행을 왜 그만두느냐고 만류했지만 결혼을 핑계로 미련 없이 퇴사했습니다.

그때 지금의 창업 지식을 조금이라도 알고 있었다면, 퇴사 후 제 성격이 지랄 맞아서 좋은 회사도 못 견딘 못난 사람이라는 열등감에 한동안 시달리지 않았을 것입니다. 저는 제가 가진 능력을 사소하게 보았고, 언제나 다른 사람의 능력을 더 높이 샀습니다. 스스로 자격지심을 느끼며 자존감이 많이 떨어졌습니다. 그렇게 한 번 떨어진 자존감은 그냥 높아지지 않았습니다. 주변 사람들이 달콤한 말로 위로해줘도 소용없습니다. 이런 열등감은 사업을 시작하면서 점점 없어졌는데, 제가 그토록 맘에 들지 않았던 제 성격이 사업에서 장점으로 변하는 놀라운 일들을 경험하면서 열등감이 자존감으로 바뀌었습니다. 따라서 자존감은 사회적인 역할을 맡으면 높아집니다. 나와 잘 맞는 조직이 존재한다면 다행이지만 그렇지 않다면 다른 대안을 찾아야 하고, 어려운 선택을 할 때 기업가정신은 용기를 내는 데 많은 도움을 줍니다.

자녀교육의 가장 큰 목적은 무엇일까요? 부모가 없어도 자립

하는 것 아닐까요? 그래서 건물도 남겨주고 싶고, 박사 학위를 취득할 때까지 지원하고 싶어 합니다. 하지만 현실에는 언제나 예상치 못한 문제가 발생합니다. 중요한 것은 그 문제를 만나면 어떻게 대응할지에 대한 삶의 태도에 달렸습니다. 삶의 태도는 가르칠 수 있는 게 아니고, 아이가 스스로 터득하는 것입니다. 아이를 잘 들여다보세요. 어떤 마음과 태도를 지니고 있는지를 말입니다.

우리가 아이들에게 진정으로 가르쳐야 할 것은, 인생은 문제의 연속이고 누구나 스스로 해결할 능력이 있다는 것입니다. 문제를 해결할 능력이 없으면 삶이 마냥 두려워집니다. 지금 초등학생들은 '자살송'을 흥얼거리면서 자살 위험에 노출되어 있습니다. 이 아이들이 크면 어떻게 될까요? 문제를 마주할 때마다 삶이 불행하다고 생각하고, 해결할 수 없다고 생각하면 좌절해버립니다.

저는 제 자식들이 세상의 어려움을 모르고 자랐으면 했습니다. 하지만 이것은 바른 교육 태도가 아니었습니다. 아이들이 주관을 가지기 전에 문제를 인식하고 해결하는 것을 가르치는 것이 더 중요합니다. 그리고 문제를 해결했을 때의 '짜릿함'을 한 번 경험한 아이들은 어려운 일이 닥쳤을 때 포기하지 않습니다. 기업가정신의 교육 목표가 바로 이것이고, 이런 삶의 태도는 교육으로 가능합니다.

미래를 읽는 부모는 아이를 창업가로 키운다

2006년 세계적인 베스트셀러 《마인드셋》은 스탠퍼드 대학 심리학과 교수인 캐럴 드웩의 저서입니다. 저자는 우리가 자신의 재능과 능력에 대해 어떻게 생각하느냐에 따라 우리의 삶이 크게 바뀐다고 주장합니다. 능력은 변하지 않는다고 믿는 사람들을 '고정 마인드셋'을 가진 사람들이라고 부르고 인간의 능력은 얼마든지 발전시킬 수 있다고 믿는 사람들을 '성장 마인드셋'을 가진 사람들이라고 부릅니다. 그리고 고정 마인드셋을 가진 사람은 성장 마인드셋을 가진 사람에 비해 성공할 가능성이 확연히 낮다는 사실을 아주 다양한 사례로 증명합니다.

이 이론은 EBS 다큐멘터리 프로그램에서도 다뤄진 주제입니다. 아이들에게 "너 참 똑똑하구나."라고 칭찬하는 것은 고정 마인드셋을 갖도록 부추기고, "너 참 열심히 했어."라고 말하는 것은 과정을 칭찬했기에 성장 마인드셋을 키워준다고 합니다. 저희 집 아이들은 어렸을 때부터 "똑똑한 아이"라는 칭찬을 많이 받고 자랐습니다. 이 이론에서 예로 드는 사례들이 우리 집안의 교육이 가진 문제점과 같았기 때문에 엄마로서 크게 깨달음을 얻기도 했습니다.

과거에는 똑똑한 아이의 엄마라는 것이 상처럼 느껴진 적도 있었습니다. 부연설명을 더하자면 사실 저는 아이들이 똑똑하다고 느껴본 적이 없기 때문입니다. 저에겐 아이들이 언제나 느리고 답답했습니다. 그런데 학교에서는 똑똑하다고 했습니다. 노력이 부족하다고 늘 잔소리하는 엄마에게 아이들은 많이 서운해했습니다. 모두가 자신을 칭찬하는데, 엄마는 도대체 왜 만족하지 못하냐고 항변해서 많이 답답했습니다. 그때 《마인드셋》을 읽고 많은 것을 이해하게 되었습니다.

똑똑한 아이들은 자신이 특별하다는 것을 계속해서 증명하기 위해 '노력'하는 것을 무서워합니다. 노력은 평범한 아이들이나 하는 것이기 때문에 자신이 노력한다면 본인이 평범하다는 것을 증명하는 일이니, 자신이 잘할 수 없는 일은 절대 시도하지 않습니다. 그리고 '내가 노력을 안 해서 그렇지, 노력만 하면 누구보다 잘할 수 있어.'라고 되새깁니다.

그래서 성공을 맛보면 맛볼수록 사람들은 고정 마인드셋을 가지게 됩니다. 지금 사회적으로 문제가 되는 갑질 문화도 고정 마인드셋에서 나온 것입니다. 사회적으로 성공한 사람들이 다른 사람을 무시함으로써 자신의 사회적 지위와 특별함을 지속적으로 증명하고자 하는 것입니다.

과거를 돌이켜보면 아이가 공부를 잘하거나 성공을 경험했을 때 부모의 반응이 매우 중요했습니다. 큰애는 고등학교 생활에 적응하는 것을 엄청 힘들어했는데, 지금은 대학에서 사람들과 잘 어울리며 훌륭한 성과를 내고 있습니다. 그래서 다시 자신이 특별하다는 고정 마인드셋에 빠질까 봐 아이에게 이 책을 권했고, 다행히 아이도 그 의미를 잘 이해해주었습니다. 큰애가 책을 다 읽고 말하길 자기가 중고등학교 때 했던 생각과 같아서 놀랐고, 앞으로 이런 부분을 경계해야겠다고 했습니다.

제가 마인드셋에 크게 공감하는 이유는 비단 자녀교육을 할 때 겪은 문제에만 국한되지 않았기 때문입니다. 창업과 관련된 일을 하면서 심심치 않게 보는 것들이, 창업으로 한 번 성공한 사람들이 갑작스럽게 몰락하는 것을 보고 그 원인을 살펴보면서였습니다. 성공한 창업가들은 주변의 평가를 듣고 자신을 다른 사람과 구별되는 특별한 존재로 규정하기 쉽습니다. 고정 마인드셋을 가진 사람으로 변하는 것이지요.

그러다 위험 요소를 만나면 자신에게 이런 일이 벌어지는 것에 크게 당황하고 포기합니다. 문제가 생겼을 때 문제의 본질을 파악하지 못하고 자꾸 회피하는 것이 고정 마인드셋을 가졌을 때 벌어지는 일입니다. 기업가정신을 가르칠 때 단 한 번의 성공을 위한 도구로써 접근해서는 안 됩니다. 과정에서 배워나가는 성장 마인드셋으로 접근해야 이런 위험 요소를 줄일 수 있습니다.

한국에서 존경받는 경영자로 소개되는 리 아이아코카는 고정 마인드셋을 가진 사람이었습니다. 자동차회사인 포드에서 나와 파산 위기의 크라이슬러를 살린 영웅입니다. 하지만 그는 성공을 맛보고 나서 회사의 장기적인 성장보다는 자신의 만족과 평판을 더 중시하고 대중에게 영웅의 이미지를 심는 데 몰두했습니다. 결국 일본 자동차 업계의 도전에 대응하지 못하고, 크라이슬러를 다시 위기에 빠뜨린 장본인으로 지목되고 있습니다.

이에 반해 IBM 회장인 루 거스트너Lou Gerstner는 성장 마인드셋을 대표하는 경영자입니다. 그는 IBM이 고질적으로 가지고 있던 엘리트 문화를 없애버리고 회사에서 가장 큰 권력을 가지고 있던 경영위원회를 해체합니다. 또 정치적 성향이 뚜렷한 직원들을 해고하고, 동료를 돕는 직원들을 포상하면서 회사 내의 팀워크를 향상시켰습니다. 루 거스트너는 훗날 인터뷰에서 말했습니다. "우리는 뛰어난 소수의 왕자를 찾는 게 아니다. 우리는 팀으로 일해야 한다." 그는 회사의 업무수행 방식을 완전히 바꾸었습니다.

그는 '취임 후 3개월 동안 한 게 전혀 없다.'는 〈월스트리트저널〉의 혹독한 평가를 받으면서도 눈 하나 깜빡하지 않았습니다. 그가 10년 뒤 퇴임할 무렵에는 IBM 주가가 800%나 상승해서 업계의 전설로 남게 되었습니다.

마인드셋 이론은 스탠퍼드의 기업가정신 교육이 다른 곳과 비교해 압도적인 성과를 낳을 수 있었던 실마리라고 생각합니다.

기업가정신을 가르칠 때는 마인드셋 이론과 병행해야 인생의 리스크를 줄일 수 있습니다. 한 번의 성공으로 모든 것을 이룬다는 잘못된 교육은 삶을 피폐하게 만듭니다. 성공한 사람들의 몰락은 이런 삶의 태도를 알지 못한 데서 기인합니다.

부모들은 아이들이 고정 마인드셋을 갖지 않도록 평생 경계해야 합니다. 무심코 한 "똑똑하다."는 칭찬의 위험을 인지하고, 아이에게 결과보다는 과정의 중요성을 알려주면서 성장 마인드셋을 가지도록 최선을 다해야 합니다. "너는 타고난 예술가야.", "너는 타고난 과학자야." 이런 말들은 아이들의 성장을 가로막는 걸림돌이 됩니다. 위인전을 읽을 때 위인들의 천재성에 주목하지 말고, 그들의 성취와 노력에 집중하세요. 그들이 위인이 된 이유는 타고난 재능보다 노력했기 때문입니다. 아이들과 이야기할 때 이런 부분에 집중해야 합니다.

그리고 아이가 오늘 몇 점 받았는지가 아니라 오늘 뭘 배웠고, 무슨 교훈을 얻었는지를 대화의 주제로 삼아보세요. 다른 아이들과 비교하는 것은 절대 금지입니다. 학업은 아이들이 모르는 것을 알아가는 과정이 중요합니다. 배움의 즐거움을 알게 해야지, 평가에서 오는 우월감이나 절망감에 익숙해지지 않도록 경계해야 합니다. 아이에게 이렇게 말해보세요.

- (시험을 보고 온 아이에게) "오늘 시험에서 몇 점 받았니?"

  ⇒ "오늘 뭘 배웠고, 무슨 교훈을 얻었니?"

- (시험 결과가 좋지 않은 아이에게) "다음에 잘 보면 되지."

  ⇒ "네가 정말 열심히 했는데, 다른 학생들도 오랫동안 열심히 준비했기 때문에 네가 기대한 만큼 결과가 나오지 않아서 속상한가 보구나. 다음에는 어떻게 하면 좋을까?"

- (시험 결과가 좋은 아이에게) "문제를 8개나 맞혔구나. 정말 잘했어. 너는 참 똑똑하구나."

  ⇒ "문제를 8개나 맞혔구나. 정말 잘했어. 정말 열심히 공부했나 보구나."

과정의 중요성을 알려주지 않으면 아이가 처음으로 인생의 좌절을 맛봤을 때 너무 크게 절망하게 됩니다. 혹시 아이가 퍼즐이나 레고 같은 장난감을 고를 때 자꾸 쉬운 것만 고르려고 하진 않나요? 그렇다면 평소 부모의 반응이 어땠는지 생각해보세요. 아이에게 능력이 타고났다는 꼬리표를 달아주고 있지는 않나요? 아이들에게 놀이든 공부든 배움의 과정이라고 인식시키면, 아이들은 주저하지 않고 어려운 퍼즐이나 레고에 도전합니다. 그리고 이런 도전 의식은 인생을 바라보는 태도를 형성하는 데 결정적인 역할을 합니다.

스탠퍼드식 창업교육 커리큘럼

스탠퍼드식 창업교육이란?

스탠퍼드식 창업교육은 스탠퍼드의 디스쿨의 교육과정을 국내 상황에 맞게 연구개발한 교육 프로그램입니다. 팀 역량 강화에 초점을 맞추고 있으므로, 전 인원이 자발적으로 활동하는 참여형 수업으로 진행됩니다. 역할분담, 의사소통, 정보공유, 의사결정, 문제해결 능력을 기르는 것을 목적으로 합니다.

기대 효과

- 관전하는 사람 없이 모두가 자발적으로 참여합니다.
- 문제해결을 위해서 개인의 사고전환을 유도합니다.
- 끊임없는 소통을 통해 팀의 역량을 강화합니다.
- 4차 산업혁명 시대에 맞는 창의적 마인드셋을 키울 수 있습니다.

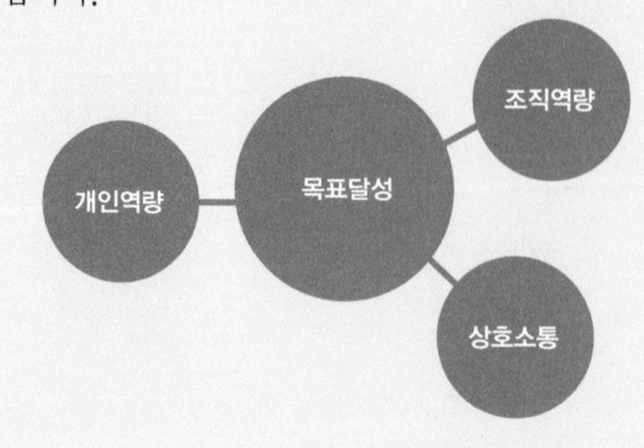

프로그램	진행 방식	기대 효과	인원수
세계 무역게임	국가(팀)는 서로 다른 물품을 받게 됩니다. 세계 시장(컴퓨터 프로그램)이 요구하는 물품을 제작하기 위해 국가 구성원들은 역할을 분배하고, 제작된 물품으로 다른 국가와 무역을 합니다. 경찰, 외교대사, 환전인 등 역할에 따라 국가를 경영하고, 그 과정에서 내부 의사결정 과정을 경험합니다. 컴퓨터 프로그램에서 가장 마지막에 살아남는 국가가 승리합니다.	경제관념 의사소통 의사결정 문제해결	8~30명 (1팀 2~5명)
크림슨 그리팅	회사(팀)가 공통의 아이템을 가지고 서로 다른 가치를 찾아냅니다. 스탠퍼드 대학에서 실시하는 '평범한 물건에서 가치 찾기' 교육과 유사합니다. 진행자와 다른 회사(다른 팀)의 투표 및 평가로 승자가 결정됩니다. 주어진 문제를 해결하고, 시장의 선택이 개인의 선택보다 우선한다는 것을 배웁니다.	가치제안 문제인식 의사소통	8~30명 (1팀 2~5명)
최고의 레스토랑	팀원이 생각하는 최고의 비즈니스 환경과 최악의 비즈니스 환경을 정리합니다. 2가지를 함께 놓고 비교해서 최악의 상황을 역이용해 아이디어를 냅니다. 팀의 아이디어를 모아 홍보 전단으로 만들어 다른 팀에게 홍보합니다. 가장 많은 투표를 받은 팀이 이기는 게임입니다. 창의적인 아이디어는 고정관념을 깨야 나올 수 있음을 깨닫습니다.	사고전환 창의사고	8~30명 (1팀 2~5명)
포스트잇 브레인 스토밍	진행자가 하나의 문제 상황을 제시합니다. 팀별로 해결책을 가능한 한 많이, 다양하게 적어봅니다. 문제 상황에서 진짜 문제가 무엇인지 문제를 재정의할 수 있습니다. 브레인스토밍 결과를 그림으로 표현해 다른 팀으로부터 가장 많은 표를 얻은 팀이 우승합니다. 1시간을 넘지 않게 진행해야 하며, 주어진 시간 내에 창의적인 아이디어를 최대한 끌어냅니다.	문제해결 창의적 마인드셋	8~30명 (1팀 2~5명)

2장

4차 산업혁명이 초등생 자녀에게 기회가 되려면

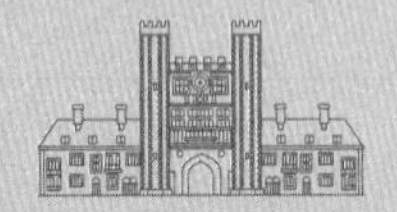

초등학교 입학과 동시에 부모와 아이들은
공교육의 모순을 느끼고 충격받습니다.
학교 교육에 대한 학부모들의 불신 역시 눈덩이처럼 커집니다.
내 아이의 교육은 내가 책임져야겠다는
부모의 '무한 책임주의'가 여기서 시작됩니다.

1등이 아니면 부모는 죄인인가요?

저는 오랫동안 운전을 무서워했습니다. 운전을 못해서 몸이 고생한 것은 말로 표현할 수가 없습니다. 이번 생에서 운전은 내 몫이 아니라고 포기했고, 운전을 최대한 안 하고 일할 수 있는 방법을 찾았습니다.

운전하기를 얼마나 무서워했냐면, 남편이 타던 차를 제게 주었는데 1년이나 지하 주차장에 방치해서 차가 완전히 고장 나버렸습니다. 운전면허를 딴 지 10년이 넘었고, 캐나다에 살 때는 운전하고 다녔는데도 한국에서는 하지 못했습니다. 작은애가 기숙학교에서 일주일에 1번씩 빨래를 잔뜩 가지고 집에 오는 날엔 대중교통을 타고 오게 했습니다. 학교에서 학부모 대표를 맡을 때는 언덕 꼭대기에 있는 학교를 오르락내리락하느라 힘들었습니다.

차도 있고, 운전면허증도 있는데…, 순전히 겁이 나서 운전하지 못했습니다.

그러던 어느 날, 강의하다가 잠깐 쉬는 시간을 두었습니다. 수강생들의 반응이 괜찮아서 자주 틀어드리는 영상이 있는데, 조폭 아저씨가 운전을 가르쳐주는 재밌는 동영상입니다. 그 영상을 하도 많이 봐서 그랬을까요? 그날따라 운전이 재밌겠다는 생각이 들었습니다. 용기가 마구 솟았습니다. 얼마 지나지 않아 운전대를 잡고 운전하게 되었습니다.

'사고의 전환'을 이룬 것입니다. 다시 운전하게 된 지 3년이 지난 지금은 서울, 경기, 충청권 정도는 가볍게 운전하고 다닙니다. 아무리 생각해도 제가 운전하게 된 데는 '반복 학습'된 동영상이 유효했다는 생각이 듭니다. 교육이란 이런 것이 아닐까요? 반복해서 보고 실행해보다 보면, 사고가 변하는 것 말입니다. 두려움을 느끼면 아무것도 할 수 없지만 과정을 즐거운 것으로 인식하면 행동이 변할 수 있습니다.

지금의 교육은 사회적 요구에 충실한 것처럼 보이지만, 뜯어보면 권력과 권위를 가진 사람들의 기준에 맞추기를 강요하고 있습니다. 그래서 부모들은 아이를 바라보는 관점을 재점검할 필요가 있습니다. 학교에서 선생님 눈 밖에 나는 것을 지나치게 의식하는 것은 아닌지, 성적도 사회가 요구하는 범위 안에 들도록 강요하는 것은 아닌지 살펴보세요. 그 생각의 밑바닥에는 '우리 아이가 경쟁사회에서 낙오하진 않을까?', '취업을 못 하진 않을까?' 하는 걱정이 깔려 있는 것은 아닌지 확인해야 합니다.

아이들을 '성적'으로만 평가하면 많은 아이가 문제아로 자랍니다. '문제아', '실패자'로 낙인찍힌 아이들은 어떤 모습을 보일까요? 서울의 한 특성화고에 갔을 때의 일입니다. 아침 9시부터 오후 2시까지 진행된 취업 특강에서 반의 모든 아이가 엎드려 자고 있었습니다. 그런 아이들을 만나보기는 처음이었습니다. 함께 수업하는 다른 반 강사들이 모두 그만두고 집에 가고 싶다고 한탄할 정도였습니다. 불행히도 그 학교에서 특강을 3일간 진행했는데, 처음으로 제가 가진 직업에 회의감이 들었습니다.

잠자는 학생들을 왜 깨우지 않았느냐고요? 학교 측 담당자는 잠자는 아이들을 깨우지 말라고 사전에 부탁해왔습니다. 그런 부탁이 없었다고 해도 도저히 깨울 수 있는 분위기가 아니었습니다. 그것이 바로 학교의 분위기입니다. 게다가 지금 교육 환경에서는 억지로 학생들을 깨우는 것이 불가능합니다(학교에서 일해보신 분들은 이게 무슨 말인지 잘 아실 것입니다).

처음에는 잠자는 학생들에게 화가 났지만, 나중에는 오히려 학생들이 학교에 오는 게 신기했습니다. 딴 데 안 가고 학교에 나오는 게 기특하기도 했고, '저렇게 계속 누워 있으면 허리가 아플텐데.'라는 걱정도 들었습니다. 무엇이 이 아이들의 눈, 귀, 마음을 이렇게까지 닫아버린 것일까요? 이 아이들은 고등학생이 될 때까지 도대체 무엇을 배웠기에 학교에서 고개 한 번 들지 않고 핸드폰만 만지고 있을까요?

이 학생들이 인생에서 한 번이라도 스스로 무언가를 성취한 경험이 있다면, 3년 동안 책상 앞에 누워 있는 선택을 하지는 않았을 것입니다. 이런 현상의 원인을 학교 교사들에게만 돌릴 순 없습니다. 어느 누구도 학생들에게 인생을 방관하라고 가르친 적이 없기 때문입니다.

지금까지 자녀교육에서 거둔 모든 좋은 결과는 아이의 '태생적 자질'이나 '탁월한 부모'에 의해 이루어졌습니다. 주변을 보면 공부에 탁월한 능력을 지닌 아이가 있습니다. 그 아이들은 주변의 큰 도움이 없어도 무럭무럭 잘 자라는 것 같습니다. 또는 탁월한 능력을 가진 부모가 자녀를 적극적으로 잘 키워내기도 합니다. 지금의 공교육은 솔직히 제 역할을 못하고 있습니다.

저는 주변에 교사 지인들이 많습니다. 평생을 고등학교 교사로 살아온 이들이 입시에 얼마나 무지한지 알면 놀라실 것입니다. 작은애가 3년 동안 모의고사 한 번 풀지 않고 대학에 진학했는데, 이것이 어떻게 가능한지 진심으로 궁금해하며 제게 묻기도 했습니다(230쪽 참고). 한 번은 이런 일도 있었습니다. 수시전형에 대학을 6개까지 지원할 수 있어서 그중 한곳으로 한국외국어대학교에 지원했다고 하니 "국제고까지 가서 겨우 외대에 지원하느냐?"는 핀잔을 주어 할 말을 잃기도 했습니다. 다른 사람도 아니고 현직 고등학교 교사가 수시에 대해 이렇게 모르는 것은 흔한 일입니다.

사실 입시전형은 너무 복잡하고 자주 바뀝니다. 전형을 빠삭하게 익혔다고 해도 학생들에게 맞는 전형을 하나씩 파악할 시간이 부족하다고 합니다. 부장교사가 혼자 공부해서 다른 교사들에게 전달하는 식으로 입시를 준비하는 시스템이니, 이해되기도 합니다. 그래서 입학설명회에는 현직 교사들이 많이 참석합니다. 매년 준비해도 해마다 새로운 전형과 바뀐 규칙으로 머릿속을 복잡하게 만드는 것이 우리나라 입시의 현주소니까요. 그러다 보니 한 아이의 입시에 가장 중요한 역할을 하는 것은 언제나 부모의 몫이었습니다. 이런 상급학교의 모순은 초등 저학년에게도 크게 영향을 끼치고 있어서 부모들의 불신만 커지게 합니다.

최근에 교육부는 '한글기초학업 책임제'를 실시해서 초등학교 1학년 학생들에게 한글을 가르칠 것이라고 발표했습니다. 이때 부모는 둘로 나뉩니다. 안심하면서 한글을 가르치지 않는 부모, 그래도 한글을 가르치는 부모. 그리고 보통은 가르쳐서 보낸 부모들이 후회가 적은 편입니다.

저의 지인도 최근에 황당한 경험을 했습니다. 초등학교 입학식 때 담임선생님이 앞으로 학교에서 한글을 가르칠 테니 부모님들은 걱정하실 필요가 없다고 했답니다. 그래서 안심하고 있었는데, 그다음 날 숙제가 '책과 공책에 자기 이름 적기', '교과서 1쪽 읽어오기'였다고 합니다. 한글을 모르는 아이들이 할 수 없는 숙제를 내주고, 자신의 말이 얼마나 모순되는지 전혀 알지 못하는 모습에 학부모들은 모두 절망했습니다.

나 자신이 모르는 내 몸의 상태를 알고 싶어서 병원에 가고 의사를 만납니다. 몰랐던 법률 정보를 알고 싶어서 변호사를 찾아가고요. 그런데 왜 교육전문기관인 학교는 비전문가인 부모들에게 자녀를 교육시키라고 요구하는 걸까요? 아이가 성적이 나쁘면 부모를 불러서 야단을 치지, 아이를 잘못 가르쳐서 죄송하다고 사

과하는 교사는 거의 없습니다. 내 아이의 교육은 내가 책임져야겠다는 '무한 책임주의'가 여기서 시작됩니다. 공교육의 현실이 이렇기 때문에 학부모들은 먹고살기도 바쁜데 교육전문가가 되어야 하는 것이지요.

캐나다에서 살 때를 생각해보면 물가가 비싸고 여러 가지 불편함이 많았지만, 교육에 관해서 이렇게까지 고민하지는 않았습니다. 한국은 유난히 자녀교육의 잘잘못이 부모의 책임으로 귀결되는 것 같습니다.

이런 상황에서 자녀가 기대치에 미치지 못하면 부모는 더 속이 타고 죄책감에 시달립니다. 저 역시 이런 부분에서 자유롭지 못했습니다. "모든 것은 내 탓이오."라는 마음으로 살아왔는데, 어느 순간 나만의 잘못은 아니겠다는 생각이 들었습니다. "한 아이를 키우려면 온 마을이 필요하다."는 아프리카의 속담을 떠올리며 학교의 기능이 무엇인지 다시금 생각해보게 되었습니다. 이런 접근은 제가 창업교육을 시작하게 된 동기가 되었습니다.

학교에서 아이가 진정으로 배워야 하는 것은 무엇일까요? 학교가 시험 점수를 평가하는 기관으로 전락한 이때, 학교 교육을 바로 세우면 교육에 관한 많은 고민을 해소할 수 있습니다. 아이들이 성년이 되기까지 가장 많은 시간과 노력을 쏟는 곳은 학교입니다. 그런데 우리는 학교에 그 어떤 것도 요구한 적이 없습니다. 왜냐하면 자녀가 전교 1등이 아니면 부모들은 고개를 숙였고, 학교에 무언가를 요구할 자격이 없다고 생각했기 때문입니다.

학생을 평가하는 지표를 머릿속에 가지고, 학교 교육이 어떻게 변해야 하는지 고민해야 합니다. 그래야 학교가 아이들을 성적으로 줄 세우기를 포기하고, 아이들에게 삶을 대하는 관점과 태도를 가르치는 곳으로 바뀔 수 있습니다. 저는 학교에 나가서 1년에 2, 3번씩 진로 특강을 진행하는데, 그곳에서 스탠퍼드 창업교육을 실시했고 학교의 가능성을 보았습니다.

부모 혼자서 아이를 교육시켜야 한다는 책임감을 벗어 던지세요. 아이들이 친구들과 더불어 사는 방법을 구체적으로 알려줘야 합니다. 학교에 가서 성적 상담만 하지 말고 학교가 어떻게 진로교육을 하고 있는지 물어보세요. 학교의 교육관을 알아보고, 교사가 아이들을 어떻게 바라보는지 알아야 공교육을 변화시킬 수 있습니다. 학교에서 적극적으로 창업교육을 하도록 지지한다면, 학교는 제대로 된 역할을 수행하게 될 것입니다.

장래희망에 '기업가'라고 쓰면 선생님의 평가가 달라진다

"강사님, 너무 열심히 하지 마시고 빨리 끝내주세요."

비즈쿨 교사들을 대상으로 연수를 갔을 때의 일입니다. 기차를 타고 장장 3시간 넘게 걸려서 찾아간 곳에서 어이없는 일을 겪었습니다. 많은 국가 예산이 들어간 교사 연수답게 좋은 리조트에서 진행되었고, 주최 측에서 1시간 동안 오리엔테이션을 진행했습니다. 그런데 그 오티에서 들은 내용을 믿을 수 없었습니다.

오늘 저녁에 무슨 술을 마실 것이라는 둥, 방학이 되면 제주도에 연수를 떠날 것이라는 둥 온통 그런 얘기뿐이었습니다. 비즈쿨 교사는 보통 한 학교에서 1명씩 배정받고, 그 학교의 창업교육을 전담합니다. 외부강사 초빙부터 교육 진행, 현장 실습까지 많은 업무를 맡게 됩니다. 그런 곳에서 가장 높은 관리자가 제게 강의를 넘기며 하신 멘트가 가관이었습니다. 대충 하고 빨리 끝내달라는 것.

멀리서 찾아간 강사에 대한 무례는 둘째 치고, 어떻게 이다지도 직업의식이 없을 수 있는지 통탄스러웠습니다. 어쨌거나 그날 약속된 워크숍을 빠르게 진행했습니다. 다행히 참석한 선생님들이 모두 열심히 참여해주셨습니다. 하지만 강의하는 내내 고민했습니다. 어떻게 끝낼까? 워크숍은 매우 잘 진행되었고, 모두가 만족스러운 분위기였습니다. 적당히 분위기를 맞추고 가볍게 마무리하면 좋은 평가를 받을 것 같았습니다. 하지만 꼭 전하고 싶은 얘기가 있어 예정보다 워크숍을 일찍 마치고, 하고 싶은 말을 했습니다.

새 정부가 일자리 정책을 야심차게 펼치고 있지만, 일자리의 증가 속도보다 감소 속도가 더 빠릅니다. 최저임금을 인상하고, 주 52시간 근무제를 실시하면서 갑작스런 변화에 적응하지 못하는 사업주들이 운영하던 사업을 접겠다고 아우성입니다. 노동자와 사업주 간에 서로 다른 입장과 상황으로 인해 우리는 경제 위기를 맞게 되었습니다.

이런 상황에서 한 학급도 아니고 한 학교의 기업가정신을 가르쳐야 하는 선생님들의 책임이 매우 큽니다. 여러분이 지금 하시는 일은 한 학생의 미래에 영향을 미치는 것을 넘어 이 지역의 미래를 만들어가는 것입니다. 미국은 4%의 벤처기업이 일자리의 60%를 만들어내고 있습니다. 이 연구결과만 봐도 한 사람의 창업 역량이 지역과 나라의 발전에 얼마나 중요한지 알 수 있습니다. 학교에서 여러 가지 업무에 시달리느라 어려우시겠지만, 힘들어도 포기하지 마시고 학생들에게 창업의 중요성과 가능성을 열심히 알려주시길 부탁드립니다.

강의에서 제가 한 말은 이보다 훨씬 더 강하게 들렸을 것입니다. 강의 대상 중에서도 학교 교사들은 그 균형을 맞추기 매우 힘든 집단인데, 그들에게 사족처럼 들릴 수 있는 말을 덧붙여 강의실 분위기를 잔뜩 가라앉혔습니다. 괜한 말한 것은 아닐까 후회하면서 한편으로는 잘했다는 생각이 들었습니다.

학생들이 학교를 졸업할 때까지 만나는 직업인들은 거의 공무원입니다. 학교 교사나 행정 담당자들은 다 공무원이고, 대학교수나 교직원도 공무원에 가깝습니다. 학원 강사들이 그나마 예외적이고, 그 외에 아플 때 찾는 의사나 간호사도 강력한 자격증으로 평생을 보장받는 사람들입니다. 즉, 학생들은 공부를 잘해서 좋은 직업을 가진 사람들을 보고 자라는 것입니다.

이렇듯 학생들의 제한된 직업 경험과 사회 경험을 늘리기 위해 지금의 교육과정은 직업인 특강을 운영하고 있습니다. 하지만 이런 다양한 직업인들을 보여주는 것이 얼마나 효과가 있을까요? 외국의 사례를 살펴보면, 길거리에서 레모네이드를 만들어 파는 꼬마들을 자주 볼 수 있습니다. 보이스카우트나 걸스카우트 활동을 할 때 꼭 하는 것이 쿠키 팔기입니다. 외국에서는 왜 이런 활동을 아이들에게 시킬까요? 아마도 사회 경험을 길러주기 위해서일 것입니다.

무언가를 '파는' 행위는 저렴한 물건이라도 쉬운 일이 아닙니다. 길가에 떨어져 있는 100원은 주울까 말까 고민할 정도로 작은 비용이지만, 레모네이드를 100원에 판다면 모든 사람이 살까요? 아닙니다. 레모네이드가 시어서 못 먹는 사람도 있고, 목이 전혀 마르지 않은 사람도 있을 테니까요. 그래서 물건을 사고파는 것은 값진 일입니다. 마음이 움직여야 매매가 이루어지거든요. 이 과정에서 외국 아이들은 '시장'과 '고객'에 대해 알게 됩니다. 직업인 특강도 중요하지만, 시장에 관한 경험적 지식이 훨씬 중요합니다.

우리나라 진로교육은 단어를 알려주는 단계에 머무르고 있습니다. 체험형 진로기관인 '키자니아'나 '한국잡월드'가 있지만, 직업인들이 쓰는 물건들을 만져보고 입어보고 체험하는 단계에만 머무를 뿐, 직업의 복잡한 프로세스에 대한 이해가 빠져 있습니다. 단어 암기 수준에 그치는 직업 정보는 진로가 불확실한 학생들에게 그다지 쓸모가 없습니다. 더욱이 지금 우리가 아는 직업이 10년 후에 존재할지도 예측이 불가능한데 말입니다. 소방관만 해도 10년 후에는 지금과 다른 모습일 가능성이 있습니다.

학생들에게 정말 필요한 것은 직업의 '사회적 의미'입니다. 자신이 사회를 위해 무엇을 할 수 있을지에 대한 고민이 반드시 필요합니다. 비즈니스 모델을 구상하는 창업교육에서 가장 중요한 것은 타깃 고객층이 누구인가를 정확히 아는 일입니다. 타깃 고객층에 대한 깊은 이해가 바탕이 되어야 창업을 성공시킬 가능성이 높다는 것은 누구나 아는 사실입니다. 시장에 대해 알고 고객에 대해 이해하는 것에 나이 제한은 없습니다.

아이들은 어릴수록 자신만의 관점으로 세상을 바라봅니다. 제가 초등학생들에게 창업교육을 진행할 때 겪은 일입니다. 프로그램을 진행하던 중, 시장에서 거부당한 한 아이가 갑자기 울음을 터트렸습니다. 그 아이의 인생에서 처음 거부를 경험한 것이지요. 자기가 의도한 대로 시장이 흘러가지 않는 것을 보고 아이가 단단히 충격받아서 걱정했지만, 곧 아이는 시장의 흐름을 이해하고 게임을 리드하기 시작했습니다. 그 아이는 아마도 시장이라는 것을 처음 이해했을 것이고, 앞으로도 이 경험을 절대 잊지 못할 것입니다.

앞서 언급한 비즈쿨 교사 연수의 이야기로 돌아가 보겠습니다. 제가 진지하게 할 말을 다하고 난 뒤, 분위기가 가라앉기만 했을까요? 우려와 달리 강의 뒤에 호응이 컸습니다. 개별적으로 찾아와 질문하신 분도 많았고, 학교에 강의해달라고 요청하기도 했습니다. 제가 실망했던 모습은 극히 일부 교사들의 모습일 뿐이었습니다. 교사도 학부모와 다르지 않습니다. 우리 세대에게 창업은 생소하기 때문에 과연 아이들에게 교육하는 게 맞는지 고민했던 것입니다. 기업가정신이나 창업교육에 대한 전반적인 이해 없이 강제로 하게 되면 누구나 관심이 떨어질 수밖에 없습니다.

부모님이 아이의 장래희망에 '기업가'라고 쓰고, 아이를 위대한 기업가로 키우고 싶다고 말하면 선생님들은 분명 당황할 것입니다. 그렇지만 좋은 선생님은 이런 학부모들이 많이 생길수록 기업가에 관심을 가질 것입니다. 바로 이것이 공무원으로 이루어진 학교에서 기업가정신을 높일 수 있는 방법입니다.

교사 연수 후에 전주에 있는 한 초등학교에서 5, 6학년 학생을 대상으로 창업교육을 진행했습니다. 제 강의를 듣고 교육부에서 지원을 받아 저희 회사에 의뢰한 것인데, 이런 분들이 점점 많아지고 있습니다. 사실 그 분은 번거로움을 무릅쓰고 교육청이나 지자체에 예산을 지원받은 것이니까요. 학생들에게 다양한 기회를 주고 싶었던 선생님의 마음이 느껴졌습니다.

같은 스펙으로
100배 연봉 차이를 만드는 노하우

패스트푸드 매장에서 기계로 햄버거를 주문해본 적 있나요? 고속도로 톨게이트에는 하이패스 라인이 점점 많아지고 있습니다. 로봇과 인공지능으로 무장한 기계들이 우리의 삶을 거세게 바꾸고 있습니다. 변화 속도가 감당하기 어려울 정도로 빨라져 일자리 수급을 위해 속도를 조절해야 하지 않겠냐는 여론이 나오기도 합니다.

자동화 시대에 일자리를 걱정하면서 가장 먼저 나온 해결책이 기계언어, 즉 코딩에 대한 공부였습니다. 미국의 코딩 캠페인 역시 이런 공감대에서 나온 것입니다. 미국 코드닷오알지code.org 단체에 의해 시작된 코딩교육은 2018년부터 우리나라 학교에서도 전면적으로 실시되었습니다. 그야말로 전 세계가 코딩 열풍입니다.

교육에 열성적인 한국 엄마들은 이 사실을 알고 발 빠르게 준비했습니다. 그래서 주변에 코딩을 가르치는 학원이 많이 생겼고, 정부는 기술혁신 분야에서 더 이상 선진국에 뒤처질 수 없다는 위기의식으로 코딩교육 정책을 내놓았습니다. 하지만 조금 이상합니다. 우리나라는 세계적인 IT 강국입니다. 전 세계에서 컴퓨터 게임 산업은 1위고, 인터넷 속도는 타의 추종을 불허합니다. 외국인들은 우리나라의 IT 속도와 환경에 깜짝 놀라곤 합니다. 그런데 왜 4차 산업혁명 시대를 앞서가는 억만장자들은 미국에서만 나오는 것일까요?

이 문제에 대해 한국과 외국의 입장이 다릅니다. 실리콘밸리의 유명 투자자인 나발 라비칸트Naval Ravikant는 한국의 기술에는 문제가 없고, 창업교육의 부재가 더 큰 문제라고 말합니다. 그런데 우리 정부는 한국의 기술교육이 문제라고 인식하는 것처럼 보입니다. 누구의 생각이 옳은지에 대한 판단은 개개인의 몫이지만, 제 경우에는 남편이 컴퓨터 프로그래머로 일하고 있기 때문에 나발 라비칸트의 설명이 더 신빙성이 있다고 생각합니다.

남편은 캐나다에서 5년 정도 일했습니다. 그 당시 북미의 컴퓨터 환경은 한국에 비해 매우 열악했습니다. 기술적으로 적응하는 데만 한참 걸렸다고 합니다. 이를 증명하는 사실들은 이밖에도 많습니다. 우리나라 웹사이트를 보면 미국의 웹사이트보다 훨씬 안정적이고 빠릅니다. 인터넷 쇼핑몰도 기술력은 미국을 훨씬 압도합니다. 한국의 티맵은 구글맵보다 더 편리합니다. 싸이월드는 페이스북보다 10년 빠르게 시작된 서비스고, 그 프로그램은 페이스북 기술과 큰 차이가 없습니다(웹 환경과 모바일 환경의 차이는 있지만!). 그런데 왜 티맵은 한국에서만 쓰이고 구글맵은 전 세계의 표준이 되었을까요?

이런 관점에서 우리가 지금 자녀들에게 코딩교육을 하는 것이 최고의 선택일까요? 아닙니다. 인터넷 초창기 시절부터 우리나라의 기술력은 매우 뛰어났습니다. IMF를 지나 2000년대에 닷컴 열풍이 일었습니다. 미국의 실리콘밸리처럼 투자를 받고 스톡옵션을 받은 젊은 부자들이 대거 탄생하면서 벤처기업 붐이 일던 시절이었습니다. 그 무렵 전교 1등을 하던 학생들이 의대를 포기하고 컴퓨터공학과를 선택했습니다.

그러나 사회가 갑작스럽게 변화하고, 스톡옵션이 금지되고, 닷컴 열풍이 붕괴되면서 컴퓨터공학을 전공한 친구들의 삶은 3D로 대표되는 가장 혹독한 노동 환경에 놓이게 되었습니다. 아직까지도 한국에서 코딩기술자, 즉 개발자들의 삶은 고달픈 것으로 유명하지요. 기형적인 작업 환경에 살인적인 스케줄로 노동 강도가 센 직군에 속합니다.

이런 일들을 겪은 사람들이 아이를 낳고 부모가 되면서 교육관에 혼란이 생겼습니다. 의사, 판검사, 공무원 같은 전문직을 더 선호하게 되었습니다. 큰 꿈을 가지고 용감하게 선택한 컴퓨터 전문가의 길이 고된 노동으로 변질된 것을 경험했기에 교육이 다시 1980년대로 회귀한 것입니다. 미래가 불확실해질수록 안정적인 직업에 대한 수요가 극대화돼서 지금의 교육은 그 어느 때보다 치열한 경쟁시대로 들어섰습니다. 그러다 보니 코딩교육도 좋은 대학에 입학하거나 좋은 일자리를 얻기에 유리한 스펙 중 하나일 뿐입니다. 4차 산업혁명 시대에 발맞추자는 의도보다 남들을 앞서야 생존한다는 기본 전제를 위한 조건 중 하나가 된 것이지요.

그래서 코딩교육 이전에 더 시급한 것이 창업교육입니다. 지금의 교육과정에서 기술만 배우면 저임금 개발자로 일할 가능성이 큽니다. 똑같이 코딩을 배우는데 미국 아이들은 마크 주커버그를 꿈꾸고, 한국 아이들은 삼성맨을 꿈꾼다면 너무 안타까운 일 아닐까요?

2000년대 초반의 기술 혁명이 한 번 기대를 저버렸다고 해서 다시 1980년대로 돌아가는 것은 잘못된 흐름입니다. 지금의 4차 산업혁명 시대는 2000년대와 완전히 다른 양상입니다. 이제는 집에서도 얼마든지 전 세계를 대상으로 사업할 수 있습니다. 아이디어와 의지만 있으면, 적은 자본으로 세계적인 기업을 만들어내는 일들이 벌어지고 있습니다. 우리가 해야 할 일은 아이들이 큰 그림을 그릴 줄 아는 사람으로 키우는 것입니다.

큰 그림에는 많은 것이 담겨야 하지만 무엇보다 '사람'을 넣어야 합니다. 부자가 되기 위해 창업하려는 사람의 그릇은, 크기가 작을 수밖에 없습니다. 혁신 IT 기업의 경쟁력은 아무나 따라할 수 없는 기술의 우위를 점하는 것이 아니라, 많은 사람에게 이익을 주어서 누구도 거부할 수 없도록 유혹하는 데 있습니다. 앞서 언급한 에어비앤비는 빈 방을 가진 사람이라면 누구나 수익을 얻을 수 있는 비즈니스 모델입니다. 이런 이점 때문에 집주인들이 스스로 웹사이트에 자신의 집을 기꺼이 내놓습니다. 에어비앤비가 최근 10년간 가장 크게 발전한 동력은 참여한 이들의 이해타산과 잘 맞아떨어졌기 때문입니다.

좋은 일자리를 얻어서 남들보다 잘살고 싶은 것은 모두의 바람입니다. 하지만 이런 사적인 목적을 넘어서 다른 사람들의 불편함을 해결하고 싶다는 다소 무모하고 영웅적인 목적이 있는 사람들이 있습니다. 이들에게는 더 큰 기회가 생깁니다. 조사에 따르면 탁월한 창업가들은 공통적으로 수익을 창출하는 것보다 사회기여와 같은 더 크고 높은 목적을 가졌다고 합니다.

최고의 컴퓨터 프로그래머들은 이제 은퇴를 앞두고 있습니다. 지금 이들의 모습은 어떨까요? 이들은 주문받은 프로그램을 3, 4일 만에 구현해낼 기술력을 갖고 있지만, 만들고 싶은 게 없다는 것이 문제입니다. 누군가 돈을 주고 의뢰하면 만들 수 있지만, 스스로 만들 만한 것을 찾아내지 못합니다. 가령 3D프린터 기술을 어느 정도 익힌 다음에는 결국 무엇을 만들어야 하는지의 문제로 귀결되는 것과 같습니다.

4차 산업혁명 시대를 기술 혁신의 시대라고 합니다. 그래서 다들 기술을 찬양하며 기술교육에 매진하고 있습니다. 하지만 이런 때일수록 오히려 인간에 대한 본질적인 이해를 교육하는 사람은 남들보다 비교우위에 설 수 밖에 없습니다. 저는 고3인 제 아이에게 '착한 기업'이나 '소셜 벤처기업' 스토리를 읽게 했습니다. 대학 진학이든, 취업이든, 창업이든 사회적 윤리를 잊어선 안 된다고도 말해주었습니다. 더 나은 세상을 만들기 위해 작은 노력들이 의미가 있다는 것을 동영상이나 기사를 통해서 읽게 했고, 전공을 선택하기 전에 이런 부분을 미리 염두에 두도록 했습니다.

직업이란 사회와 소통하는 방법입니다. 이것을 알려주면 아이가 세상을 넓게 바라볼 수 있고, 자신이 활동할 무대가 넓은 세상이라는 믿음을 줄 수 있습니다. 같은 일을 해도 한곳만 바라보는 사람과 넓은 세상을 바라보는 사람의 활동 범위는 다릅니다. 지금 당신의 아이들이 어디를 바라보고 있는지 알아보세요. 넓은 세상을 바라보는 아이들은 자신의 한계를 만들지 않습니다. 그리고 이 차이는 미래에 100배 이상의 차이를 만들어냅니다.

아이에게 건물을 남겨줄 수 없다면

언론에서 본 대학생들의 모습은 어떤가요? 주거 비용과 학자금 대출로 허리가 휘고, 청춘을 반납하고 아르바이트하거나 도서관에서 밤낮 공부하는 모습을 떠올리겠지만, 아이들이 대학에서 실제로 만나는 친구들은 경제적으로 여유로워 보입니다. 왜냐하면 삶이 고된 친구들은 어쩐 일인지 눈에 잘 보이지 않기 때문입니다. 중산층인 저희 집 애들도 대학 가서 제일 놀란 점이 친구들의 가정환경과 큰 씀씀이였다고 합니다. 캐나다에서 공부하는 큰애의 부유한 중국인 친구들은 아우디나 BMW를 몰고 다닌다고 하고, 작은애도 서울에 올라와 자취하는 지방 출신 친구들이 좋은 오피스텔에 살면서 틈만 나면 해외로 여행 간다고 합니다. 제 지인은 아이가 대학에 붙자마자 성형비용으로만 1,000만 원을 썼다고 했습니다. 쌍꺼풀에 200만원, 라식에 200만 원, 피부과에 얼마 등등 저도 들을 때마다 액수가 커서 놀라고 있습니다.

저는 대학생이 2명이나 되다 보니 1년 내내 경제난에 시달립니다. 한국 대학만 다녀도 힘들 텐데 해외 유학생까지 있으니, 그 어려움을 말로 표현하기가 참 힘듭니다. 현재 신입사원 기대 연봉은 3,000만 원이 조금 안 됩니다. 월급으로 치면 세금 떼고 200만 원 정도인데, 그에 비하면 대학생들이 얼마나 돈을 많이 쓰는지 알 수 있습니다. 저도 대학에서 강의해보면 학생들이 웬만한 직장인보다 좋은 옷이나 가방을 걸치더군요.

고등학교 졸업 전까지 성적에 매여 살던 아이들은 대학에 가서 부모의 재력에 따라 삶이 크게 좌우됩니다. 88만원 세대가 비정규직으로 살아가는 20대 청춘의 어려움을 나타내는 말로 등장하고 10년이 넘는 세월이 흘렀습니다. 젊은이들의 삶은 전혀 나아지지 않았다고 하는데, 막상 아이들이 피부로 느끼는 것은 언론과 다릅니다. 인스타그램이나 페이스북을 보면 상대적 박탈감이 들 정도로 친구들의 삶은 풍족하고 여유롭습니다.

이런 사실을 말하는 이유는 딱 1가지입니다. 아이들이 지금 무엇을 보고 느끼는지 우리가 알아야 하기 때문입니다. 아이들에게 모든 것을 주고 싶어도 세상에는 항상 더 많은 것을 가진 사람들이 있습니다. 그리고 아이들은 이런 사실을 기성세대보다 훨씬 더 잘 알고 있습니다. 우리 집의 경제적 수준이 어떤지를 말입니다. 그래서 아이들이 돈에 대해 점점 더 집착하게 되고, 잘못된 선택을 하는 경우가 많아지는 것입니다.

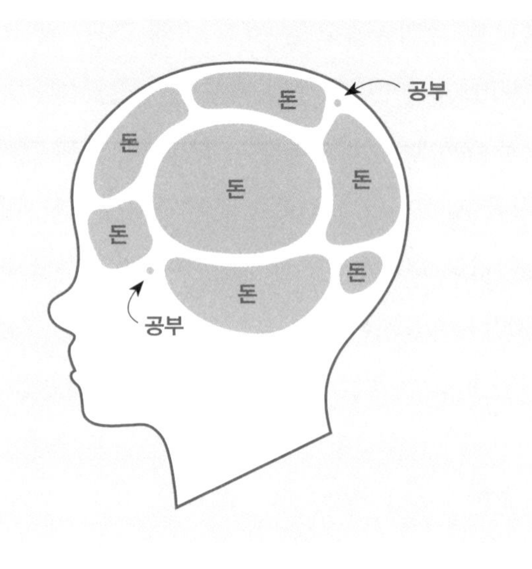

어떤 중학생의 뇌 구조

중학생의 뇌 구조 그림이 화제가 된 적이 있습니다. '돈'이라는 글자만 수없이 쓰여 있었지요. 아이들과 대화해보면 이처럼 돈과 직업에 대해 굉장히 왜곡된 인식을 가지고 있습니다. 돈이면 무엇이든지 다 좋은 것이고, 최고의 직업은 건물주라고 말합니다. 학교에서는 전교 1등이 최고의 대접을 받았다면 사회에서는 건물주가 최고라고요. 이런 인식을 가지고 있으면 건물주가 아닌 부모님과 자기 자신은 인생에서 낙오자가 됩니다. 오죽하면 "이번 생은 망했어."라는 말이 유행이 되었을까요.

어른들이 개천에서 용 나기는 글렀다고 한숨 쉴 때마다 아이가 미래에 될 수 있는 최고의 모습은 공무원이고, 공무원이 될 수 없으면 인생은 끝없이 불안정해집니다. 고등학생이 9급 공무원에 합격한 것이 성공사례라고 합니다. 이제 대학 교육은 공무원 합격에 비하면 쓸모없는 돈 낭비가 되었습니다.

회사가 망하거나 명예퇴직을 당하고 이직을 위해 분투하는 사람들, 말도 안 되는 갑질을 참고 또 참다가 건강을 잃어버리는 사람들…. 이런 사람들의 이야기는 어제도 듣고 오늘도 듣는 흔한 뉴스입니다. 그 이면에는 내가 스스로 돈을 벌 수 없다는 고정관념과 퇴사에 대한 막막한 두려움이 있습니다. 우리 아이들은 이런 일을 겪지 않게 하려면 공무원을 택할 수밖에 없는 것일까요? 우리 아이가 회사를 만드는 방법을 안다면, 아이 스스로 회사를 만들어보는 선택도 가능하지 않을까요?

그러려면 아이가 인생을 스스로 주도하고 살도록 격려해야 합니다. 어떻게? 분명한 것은 이런 것들이 한순간에 뿅 하고 나타나진 않는다는 것입니다. 아이들에게 "너는 할 수 있어."라고 말로만 응원해주는 것은 도움이 되지 않습니다. 아이들이 오늘 학교에서 무엇을 했는지 물어보세요. 처음 본 친구에게 말을 걸었다든지, 그동안 자신이 없었던 운동을 체육시간에 해냈다든지, 어려웠던 문제를 끝까지 매달려 풀어냈다든지 아이의 모든 것에 관심을 가져보세요. 시험 점수와 관련이 없으면 중요하지 않은 것이 아니라, 하지 않을 수 있었던 수많은 일을 해냈다는 점을 자각하게 해주세요.

- 아이에게 하면 좋은 말: "우아, ○○(이)가 용기 내서 했구나. 결과에 상관없이 네가 용기 낸 것은 참 잘한 일이야. 앞으로도

이런 선택을 하면, 너는 항상 더 많이 배우게 될 거야. 넌 잘할 수 있어."

- 아이에게 하면 안 좋은 말: "○○(이)가 이번엔 잘했지만 앞으로는 좀 더 살펴보고 하렴. 운이 좋아서 잘 지나갔지만, 다음 시험은 더 힘들 테니까 다음 시험에 대비해서 공부를 더 해두는 게 좋겠다."

아이들이 할 수 있다는 믿음을 가지면 어떤 모습을 보일까요? 저는 창업 모임에서 보았습니다. 요즘 대학생들은 모임을 많이 하는데, 스펙을 쌓기 위한 목적으로 시작했어도 창업 모임에서 우울함은 찾아볼 수 없었습니다. 다른 모임에서는 취업에 대한 걱정, 한숨, 원망이 참 많은데, 창업 모임은 다른 모임과 분위기가 매우 달랐습니다.

유난히 열정적이던 팀과 술자리를 가진 적이 있습니다. 학생들이 자발적으로 계속해서 사업 얘기만 했습니다. 너무 즐거워하면서 사업 이야기를 하는 게 신기해서 장난삼아 사업 이야기를 하지 말고, 다른 이야기를 좀 해보라고 했습니다. 그랬더니 무엇을 이야기해도 정신 차려 보면 언제나 사업 이야기를 하고 있다면서 웃었습니다.

저는 창업하고 나서 뭐가 가장 달라졌냐고 물었습니다. 학생들이 말하길 그동안 수업을 듣는 이유가 딱히 없었는데 지금은 필요한 것들을 찾아서 듣는다고 했습니다. 창업해보니 마케팅을 알아야 하고, 인사관리도 필요하고, 디자인도 필요해서 들을 수 있는 수업은 다 찾아서 듣다 보니 공부가 이렇게 재밌을 수 없다고요. 이런 학생들은 걱정할 필요가 없습니다. 자신의 아이디어를 가지고 주도적으로 살 수 있으면 이미 성공한 인생을 사는 것이니까요.

뭐든 처음이 힘들지 두 번째는 수월해집니다. 회사를 1번 만들어보고 2번 만들어보면 점점 더 나은 회사를 만들 수 있습니다. 그리고 횟수가 거듭될수록 성공 가능성은 더 높아집니다. 좋은 회사를 만드는 방법은 간단합니다. 많이 만들어보는 것입니다. 이렇게 회사를 만드는 법을 알게 된다면 남부럽지 않은 삶도 충분히 가능합니다.

아이의 가능성을 눈으로 확인하는 '마시멜로 챌린지'

톰 우젝Tom Wujec이라는 학자가 고안한 '마시멜로 챌린지'라는 활동이 있습니다. 스파게티 면, 테이프, 실, 마시멜로를 준비하고 4명이 한 팀을 이루어서 제한 시간 20분 안에 스파게티 면을 가장 높이 쌓아 올리는 미션을 수행합니다. 그리고 맨 위에 마시멜로를 올리면 성공입니다. 창의캠프나 창업교육에서 많이 진행하는 유명한 활동이지요.

그렇다 보니 이 활동을 진행한 다양한 영상들이 유튜브에 많이 올라와 있습니다. 잘하는 조직과 못하는 조직을 분석한 영상도 있습니다. 놀랍게도 제일 못하는 조직은 경영전문대학원 학생들이고, 제일 잘하는 조직은 유치원생들이었습니다. 물론 건축학도나 엔지니어들이 가장 높은 탑을 쌓기는 합니다. 하지만 그들에게는 탑 쌓기가 전공과 밀접하게 관련되어 있다는 점을 감안하면, 유치원생들을 가장 잘하는 집단으로 보는 것이 타당합니다. 전문가에 따르면, 연령이나 전공에 따라 활동이 진행되는 과정은 일반적으로 이렇습니다.

성인들은 대부분 팀 내 리더를 정하고, 탑의 구조와 계획을 짜는 데 시간을 허비합니다. 특히 경영전문대학원 학생들은 완벽한 1가지 방법을 찾기 위해 많은 시간을 씁니다. 반면 유치원생들은 호기심을 갖고 일단 쌓아보기 시작합니다. 이것저것 시도해보다가 우연히 성공하면 조금씩 모양을 개선해나갑니다. 시행착오를 통해 더 높은 탑 쌓기에 도전하는 것입니다.

저는 초등학생부터 대학생, 성인까지 마시멜로 챌린지를 안 해본 연령대가 없습니다. 신기하게도 초등학생과 중학생이 내놓은 결과물의 차이는 마치 유치원생과 어른의 차이를 보는 것처럼 격차가 큽니다. 그리고 초등학교 저학년 학생들이 대체로 어른보다 훨씬 잘합니다.

잘 믿어지지 않을 것입니다. 중학생만 되어도 어른들과 별반 다르지 않은 결과가 나옵니다. '중학생을 이긴 유치원생들'이라는 동영상도 있는데, 실제로 이런 결과가 흔합니다. 왜일까요? 어릴수록 결과물이 좋을 수밖에 없는 것은 그들이 이미 매우 창의적인 해결법을 알고 있기 때문입니다. 몇 가지 이유가 있는데, 그중 하나가 바로 '함께하는 것'입니다. 그런데 중학생만 되어도 공부 잘하는 학생을 리더로 뽑는 것부터 시작합니다.

어른들은 계획을 짜는 동안 아이들은 일단 마시멜로에 스파게티 면을 꽂아봅니다. 말랑말랑하니 촉감이 재밌습니다. 입에 넣어보기도 합니다. 마시멜로를 손에서 놓지 않고 스파게티 면을 테이블 위에 세워보기도 합니다. 말 그대로 하면서 배웁니다. 아이들끼리 서로 아이디어를 나누니까 더 좋은 아이디어가 자꾸 나옵니다. 그래서 의견 통일이 쉽고, 창의적인 결과물이 나옵니다. 여럿이 있을 때 누가 먼저 탑을 쌓을 것인지 눈치 보지 않습니다.

그런데 팀원 중에 나보다 똑똑한 아이가 있다는 것을 인식하는 나이가 되면, 누군가 더 좋은 아이디어를 가지고 있지 않은지 눈치를 봅니다. 마치 어른들처럼 말입니다. 어른들은 심지어 누가 재료를 만질지도 결정합니다. 그러다 아이디어를 실행하는 단계에서 생각과 다른 결과가 나오게 됩니다. 보통은 마지막에 마시멜로를 올릴 때 구조물이 무너져버리면 이런 일이 생깁니다. 재료를 만지지 않았던 사람은 옆에서 지켜보면서 답답해하다가 결국 자기가 해봅니다. 그런데 막상 해보니 생각처럼 잘 안 됩니다. 우왕좌왕하다가 결국 시간이 부족해지고, 마시멜로를 지탱하기에 너무 약한 구조물이 나옵니다. 이것이 중고등학생부터 어른들이 하는 마시멜로 챌린지입니다.

저는 마시멜로를 빼고 스파게티 면만 쌓아 올리라고 할 때도 있고, 스파게티 면이 없을 때는 A4 용지를 사용하기도 합니다. 책상 위에 A4 용지를 올려놓고, 그 위에 마시멜로를 올리면 미션 성공입니다. 지금 당장 아이와 함께 A4 용지 1장을 책상 위에 세워보세요. 잘 서 있다면 작은 성공을 한 것입니다. 여기에 한 번 더

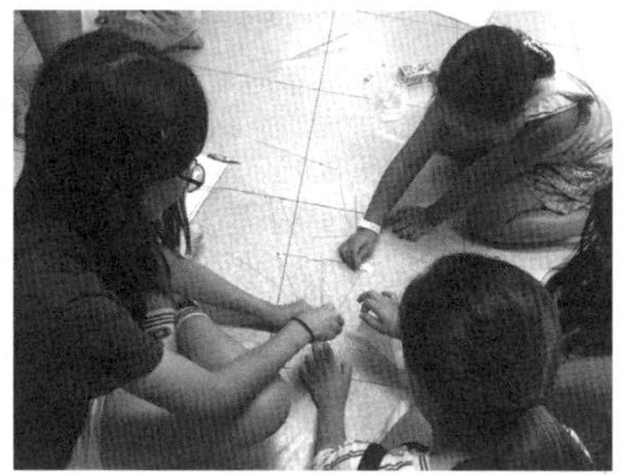

도전해봅니다. 이번에는 세운 종이 위에 마시멜로를 올려봅니다. 무너진다면 무게를 견딜 수 있도록 A4 용지를 다시 세워봅니다. 종이 위에 마시멜로를 올리면 업그레이드 된 미션은 성공입니다. 첫 번째와 두 번째 종이 모양을 비교해보세요. 두 번째 구조물이 더 견고해 보이고, 창의적으로 보일 것입니다.

A4 용지를 책상 위에 세우는 것은 우리가 평소에 해보지 않은 과제입니다. 거기에 마시멜로를 올린다는 것은 더 어려운 과제입니다. 성취감은 어려운 일을 완성할 때마다 커집니다. 성취감을 느낀 아이를 충분히 칭찬하세요. 팀으로 진행했다면 어떤 부분이 재밌었는지 서로 이야기하면서 사진을 찍어두어도 좋습니다. 설사 탑을 쌓지 못했다고 해도 활동 과정에서 어떤 부분이 의미가 있었는지 생각해보는 것은 어떨까요? 탑을 쌓으려는 시도는 불가능에 집중하지 않고 가능성에 집중했다는 것이니까요.

이런 경험들을 기억하면서 아이가 평소 부정적인 사고에 지지 않도록 연습시켜야 합니다. 새로운 시도를 못하겠다는 생각이 들 때 그것이 과연 정당한 이유가 있는지, 감정적 두려움에 휩싸인 것은 아닌지, 능력이 부족한 탓인지 객관적으로 구분하는 능력을 길러줘야 합니다. 이런 것을 학교에서 배울 수 있다면 학교생활과 아이의 삶이 재미있어집니다. 제 경험에 따르면 아이들에게 이것은 무척 즐거운 경험입니다.

그리고 자녀와 이런 생각을 공유하면 자녀들이 더 행복해집니다. 아이들이 학교에서 받는 스트레스가 꽤 큽니다. 부모가 스트레스를 주지 않아도 자기 스스로 남보다 잘해야 한다고 압박을 느끼는 아이들도 많습니다. 마시멜로 챌린지를 하면서 성적 결과와 등수에 상관없이 아이가 무엇이든 할 수 있다는 것을 배우고, 그런 방법을 배우는 것이 중요하다는 것을 엄마가 알려주기만 하면 됩니다. 아이가 학교에서 받는 스트레스가 훨씬 줄어들 것입니다.

마시멜로 챌린지의 목적은 팀원들이 어떻게 의사결정 과정을 거치고, 어떻게 좋은 결과물을 도출해내는지 팀의 역량을 보는 것입니다. 여러 집단이 같은 활동을 하면 각 조직의 특수성이 드러날 수밖에 없습니다. 그리고 그들은 이 활동을 통해 공동사고를 배우게 됩니다.

4차 산업혁명 시대에 살아남기 위해 공동사고하는 방법을 익혀야 하는 이유는 바로 여기에 있습니다. 다른 사람들과 함께 일하는 방법을 아는 것은 성공으로 가는 공식을 아는 것과 같습니다. 세상은 새로운 기술이나 지식을 마구 쏟아내는데, 그것을 혼자서 대응하겠다는 것은 바보 같은 짓입니다. 세상에는 언제나 자신보다 경험과 지식이 많은 사람이 있고, 그들로부터 배우는 것이 가장 빠른 방법입니다.

또한 공동사고를 하는 과정에서 혁신이 나옵니다. 내 생각을 다른 사람의 생각과 합치는 방법을 알면 훨씬 좋은 아이디어를 낼 수 있습니다. 마시멜로 챌린지는 공동사고를 하면 어떤 것이 좋은지를 스스로 깨닫게 합니다. 좋은 점을 몸으로 익히고 나면, 문제가 생겼을 때 혼자 끙끙 앓지 않고 누구에게 도움 받을지를 생각합니다. 능력이 있든 없든 자신이 할 수 있는 일의 성과를 가장 빠르고 효율적으로 나오게 하는 방법입니다.

창의적인 사고는 혼자 책상에 앉아 있다고 나오는 것이 아닙니다. 다른 사람의 아이디어를 존중하는 방법을 어릴 때부터 훈련하고 몸에 익히면, 인생 전반에 도움이 되는 소중한 자산을 얻게 됩니다. 혼자 스케줄을 짜고, 혼자 모든 것을 공부해서 처음부터 끝까지 혼자 하는 것만큼 비효율적인 것은 없습니다.

창업교육의 좋은 점은 이밖에도 많습니다. 즉, 나보다 고객이 더 중요하다는 사실을 알게 됩니다. 지금의 진로교육은 나 자신의 흥미와 강점에만 집중합니다. 하지만 더 중요한 것은 내가 누구와 일하고, 무엇을 위해 일하고 싶은지를 아는 것입니다. 고객의 입장을 고려한다는 것은 자신의 세상 속에서 자신의 관점만 고수하던 아이들에게 매우 매력적인 요소가 됩니다.

타인의 관점을 수용하는 분위기가 자연스럽게 형성되었던 과거와 달리, 요즘은 형제자매 없이 외동으로 자라는 아이들이 많아졌고 학교에 학생 수가 적어지면서 협동이 힘들어졌습니다. 이는 대인관계에 치명적입니다. 어려서부터 고객만족이라는 과정이

들어간 창업교육을 배우면, 자신의 관점을 넓히는 데 매우 효과적입니다. 이는 실제로 증명된 사실입니다. 또 창업교육을 통해 학생들이 쉽게 접하지 못하는 다양한 스토리를 경험할 수 있습니다. 진로교육 이론에 따르면, 좋은 사례를 듣는 것만으로 자신의 진로에 좋은 영향을 끼친다고 합니다. 이밖에 창업교육이 학생들에게 전하는 교육적인 메시지들은 다음과 같습니다.

- 다른 사람의 아이디어도 소중하다.
- 경쟁보다 협력이 중요하다.
- 나와 맞는 사람들이 누군지를 알게 된다.
- 모든 사람이 승자가 되는 방법은 존재한다.
- 함께 일하면 혼자 일하는 것보다 발전된 일을 할 수 있다.

입시강사로 일하던 시절에는 이런 관점이 중요하지 않았습니다. 저는 학생들에게 협력보다는 경쟁을 가르쳤고, 단 1명만이 승자가 될 수 있다고 말했습니다. 그러다 연년생 두 아이가 동시에 입시를 준비할 때 저와 아이들의 스트레스가 최고로 높아졌습니다. 저는 지독한 우울감에 시달리면서 모두 다 포기하고 싶은 심정이었습니다. 이럴수록 입시 결과가 만족스럽지 않아도 잘 살 수 있다는 다양한 사례를 접해보면 어떨까요? 저와 아이는 서로 이야기를 공유하는 것만으로 부담감을 덜어내는 효과가 있었습니다. 무엇보다 가장 좋은 점은 아이들과 제가 훨씬 더 행복해졌습니다.

크리에이티브 챌린지 1 : 마시멜로 챌린지

1. 스파게티 면 20개, 테이프 1m, 실 1m, 마시멜로 1개를 준비합니다.
2. 4명이 한 팀을 이루어서 제한 시간 20분 안에 스파게티 면을 가장 높이 쌓아봅니다.
3. 맨 위에 마시멜로를 올려놓고 구조물이 쓰러지지 않으면 성공입니다.
4. 엄마와 아이가 함께해보거나, 엄마와 아이가 각자 진행합니다. 단, 각자 진행할 때는 엄마가 아이의 놀이 과정을 계속 지켜보면 안 됩니다.

※ 아이가 놀이를 힘들어한다면 마시멜로를 먹거나 스파게티 면을 부러뜨리면서 놀아보세요. 놀이를 잘 마쳤다면 아이들이 만든 결과물을 칭찬해 주세요.

"엄마가 해보니까 면이 자꾸 부러져서 힘들었는데, ○○(이)는 10cm나 세웠네! 부러질까 봐 겁내지 않고 열심히 활동하는 것을 보니까, ○○(이)가 어려운 일도 잘 해낼 수 있다는 것을 알았어. 정말 잘했다."

말 안 듣는 아이는 창업에 자질이 있다

9살짜리 꼬마 케인은 종이박스로 장난감을 만들었습니다. 그리고 차고에 이 박스로 된 장난감 놀이시설을 전시해서 사람들에게 돈을 받고 사용하게 하는 깜찍한 일을 했습니다. 이 장난감 놀이시설은 처음에 아무도 찾지 않았지만, SNS에 소개된 후 유명세를 치르게 되었습니다(페이스북 페이지 '케인의 아케이드Caine's Arcade' 참고). 케인의 아이디어는 뉴스에 방송되고, 미국 전역에서 아이들이 케인처럼 놀이터를 만드는 것을 유행시켰습니다. 사람들은 케인의 대학 등록금을 모으는 캠페인도 했습니다.

전문가들은 케인이야말로 기업가정신이 무엇인지 보여주는 아이라고 말했습니다. 사람들은 케인의 무엇에 열광한 것일까요? 아이들을 키워보면 종이박스를 좋아하는 것이 고양이만은 아니라는 것을 알게 됩니다. 만화 '스폰지밥'을 보면 스폰지밥이 최신형 TV를 사서 TV는 버리고 박스만 가지고 노는 장면이 나옵니다. 박스는 아이들이 가장 사랑하는 아이템인 것이 분명합니다. 아마도 케인의 아이디어는 아이들이 흔히 상상해본 일이었을 것입니다. 그런데 케인은 자신의 아이디어를 직접 실현시켜서 사람들에게 보여주고, 반응이 없어도 꿋꿋하게 종이박스 놀이터를 운영하는 용기를 보여주었습니다.

사람들이 열광한 포인트가 바로 이것입니다. 생각하는 사람은 너무나 많지만, 그 생각을 실행하는 사람은 매우 적습니다. 그리고 그것을 다른 사람에게 보여주고 검증받는 사람은 훨씬 더 적기 때문에 그런 용기에 찬사를 보내는 것입니다. 이렇게 본인의 아이디어를 한 번이라도 성공시킨 사람들은 언제나 자신의 감이나 생각을 믿고 이루어보려고 합니다. 그리고 그런 사람들은 보통 '고집이 매우 센' 사람으로 묘사됩니다. 훌륭한 20대 CEO들을 보면 그들의 부모들은 자식들이 하나같이 '징글징글하게 말 안 듣는 고집 센 아이'였다고 합니다. 막상 이런 아이들을 키우는 부모들은 창업형 인재라는 말이 와닿기보다 걱정이 앞서기 마련입니다.

저에게도 징글징글하게 말 안 듣는 자식이 있습니다. 작은애가 대학에 간 후에도 가끔 스스로에게 질문을 던졌습니다. 아이를 '국제고를 보낸 게 잘한 일일까?', '부모로서 제대로 된 길을 인도하지 않은 것은 아닐까?', '다른 고등학교를 보냈으면 무용한다고 공부에 소홀하지 않고 더 좋은 대학을 가진 않았을까?' 하는 아쉬움이 남았습니다. 아이의 인생에서 과연 국제고는 어떤 역할을 했을지 궁금했습니다.

이 궁금증은 정답을 알 수 없습니다. 그런데 창업교육을 공부하면서 알게 되었습니다. "모든 것은 때가 있다."는 말처럼 아이들이 성인이 되기 전에 자신의 아이디어가 실현되는 경험을 해 보는 것이 매우 중요하다는 것입니다. 취업전문가로 일할 때 대학생들이 제게 보여준 무력한 모습이 이해되지 않았습니다. 그 아이들은 어려서 똘망똘망하고 의욕이 넘쳤으니까요. 외국에서 아이들을 유치원에 보낼 때도 한국 아이들이 참 똑똑하다고 느꼈습니다. 이들이 무력감을 느끼게 된 진짜 이유를 창업교육을 하면서 알게 되었습니다.

'싱스트리트'라는 10대 성장영화를 보면 거기에 나오는 주인공과 주인공 형의 이야기를 보고 소름이 끼칠 정도로 놀랐습니다. 주인공 형은 집 밖을 나가지도 않고 아무것도 하지 않는 무기력한 20대입니다. 그가 이렇게 된 것은 10대 때 런던으로 가 음악을 하려는 계획을 부모가 망친 이후부터라고 합니다. 어렸을 때 자신의 생각과 아이디어가 부정당하면 그때 무기력이 오는 것입니다.

부모들은 걸핏하면 모든 것을 대학에 간 후에 하라고 말합니다. 그런데 대학에 가면 그렇게 하고 싶던 것들이 희한하게 사라집니다. 하고 싶은 것을 꼭 해야 하는 시기가 있는 것입니다. 비로소 국제고에서 춤을 배우려 했던 제 딸이 이해되었습니다. 그리고 그것을 끝까지 반대하지 않고 꾹 참은 제가 용서되었습니다. 해보고 싶은 것을 열심히 해본 경험이 있는 친구들은 절대 무기력에 빠지지 않습니다. 기업가정신은 이때 길러지는 것입니다.

부모의 말을 잘 듣지 않는 아이들은 '징글징글하게 말 안 듣는 고집 센 아이'라는 평판에서 자유로울 수 없습니다. 이런 아이들은 미래의 창업형 인재로 바라보아야 합니다. 이들은 자신의 주관대로 미래를 만들 수 있는 기업가정신이 풍부한 아이들입니다. 이런 교육관이 널리 퍼지면 한국에서도 제2의 케인이 나올 수 있습니다. 어떤 부모도 아이가 종이상자로 놀이시설을 만들고 있을 때 "쓸데없는 짓 그만두고 제발 공부해."라는 말을 하지 않을 테니까요.

초등학생 때만큼은 아이가 하고 싶은 것을 일주일에 1, 2번이라도 할 수 있게 '아무것도 하지 않는 날'을 지정해주세요. 아이가 멍하니 있는 것처럼 보일 수 있고, 쓰레기를 잔뜩 모으는 것처럼 보일 수 있습니다. 그러나 창의력 있는 아이로 자라기 위해서 꼭 필요한 시간입니다. 아이의 스케줄을 한 번 보고, 아이가 오롯이 혼자 있을 시간이 있는지 확인해보세요.

우리 아이도 에어비앤비를 만들 수 있다고?

"글쎄 우리 아이 장래희망이 유튜버래요. 어쩌죠?"

유튜브 크리에이터와 아프리카 BJBroadcasting Jockey가 어린이들의 장래희망 1순위라고 합니다. 단순히 취미생활로 개인방송을 하던 사람들이 돈도 많이 벌고 스타가 돼 지상파 방송에도 진출하고 있습니다. 자녀가 유튜브 크리에이터 혹은 아프리카 BJ를 꿈꾸고 있다면 어떻게 하실 건가요?

일단 자녀가 미래의 직업으로 그것을 선택한 동기를 알아봐야 합니다. 그 직업이 대중에게 큰 영향력을 끼치고 억 소리 나는 수입을 올리기 때문일 수 있습니다. 하지만 이런 사람들을 두고 인플루언서(영향력 있는 개인)라고 부를 정도로, 이들은 가치 있는 콘텐츠로 세상에 영향력을 발휘하는 사람들입니다.

콘텐츠 생성은 어려운 일입니다. 파워블로거, 유튜버, 아프리카 BJ들이 돈을 쉽게 번다고 생각해서 그런지 사람들이 이 시장에 대거 뛰어들고 있습니다. 하지만 가치 있는 콘텐츠를 발행하려면 성실함과 끈기는 기본이고, 또 눈에 띄게 만들어야 합니다. 매 순간 창의적인 아이디어와 기술력이 필요하며, 콘텐츠 내용이 모두의 공감을 끌어낼 수 있어야 합니다.

만약 자녀의 꿈이 확실하다면 바르게 지도해야 합니다. 어떻게? 창업하기 위해 필요한 것은 크게 2가지로 나눌 수 있습니다. '아이디어'와 '아이디어를 실행할 조직'입니다. 아이디어를 실행하기 위한 조직을 만드는 방법은 뒤에서 자세히 다룰 예정입니다 (235쪽 참고). 여기서는 아이디어를 얻는 2가지 방법에 대해서 설명하겠습니다.

아이디어를 얻는 첫 번째 방법은 '가치 생성'입니다. 즉, 가치를 만들어내는 노하우를 익혀야 합니다. 콘텐츠를 만들어내기 위해서 어떤 가치를 전달할지 생각하는 일부터 시작합니다. 아이들이 세상 사람들에게 제공하고자 하는 것이 어떤 가치인지에 먼저 귀를 기울여보세요. 아이들이 가치를 만들어내는 경험을 할 수 있다면 그것만으로도 큰 의미가 있으니까요.

두 번째로 아이디어를 얻는 방법은 '문제해결 과정'에 있습니다. 중학생 8명이 한 팀을 이루어 학교의 음식물 쓰레기 문제를 해결한 일화는 창의적 문제해결 과정의 유명한 사례입니다. 이 학생들은 매일 급식을 먹을 때마다 음식물 쓰레기가 너무 많이 나온다고 생각했습니다. 문제의 원인은 식판에 음식을 담을 때 음식의 양을 가늠할 수 없기 때문이라고 보았습니다. 진짜 문제를 찾아낸 학생들은 자신의 식사량에 따라 음식의 양을 예측할 수 있는 방법을 연구했습니다. 적정 식사량을 알 수 있는 무지개 식판은 아이들의 창의적인 사고에서 나온 것입니다.

이 식판은 기존의 식판에 눈금을 표시해 학생이 담은 음식량과 먹을 수 있는 음식량의 차이를 눈에 띄게 줄여 잔반을 없애는 효과가 있었습니다. 이것은 삼성전자의 대표적인 사회공헌 사업 중의 하나인 '삼성 투모로우 솔루션' 공모전에 나온 목동잔반프로젝트 팀의 과제였습니다. 최연소 참가자임에도 가장 혁신적인 솔루션으로 평가받는 프로젝트입니다. 실제로 목동잔반프로젝트 팀이 다니고 있는 학교에서 무지개 식판을 테스트해본 결과, 일반 식판으로 식사했을 때보다 잔반이 70%가량 감소했다고 합니다.

바로 이런 것이 문제해결 과정에서 아이디어를 얻는 방법입니다. 실리콘밸리의 혁신 기업들은 이 2가지 방법을 자유롭게 운용하면서 아이디어를 얻고 있습니다. 이 방법은 1, 2번만 쓰는 것이 아니고, 다양한 주제를 가지고 반복적으로 시도했을 때 언제나 좋은 결과를 낸다고 증명되었습니다.

목동잔반프로젝트 팀을 보아도 잘 훈련된 학생들이 얼마나 혁신적인지 알 수 있습니다. 이들의 혁신은 학습으로 탄생할 수 있었습니다. 팀원들은 문제 인식부터 해결 과정을 함께했고, 앞으로도 문제를 해결할 때 이 과정과 경험을 적용할 수 있습니다. 이런 훈련을 더 자주 반복하면, 차세대 에어비앤비를 만드는 것이

꿈만은 아닙니다. 에어비앤비 역시 창업 후에 나타난 많은 문제를 사용자 중심의 사고방식으로 해결해서 혁신을 이루어낸 것이니까요. 에어비앤비 창업가나 목동잔반프로젝트 팀의 강점은 바로 고객과의 공감을 통해 문제를 인식하는 법을 알고 있었다는 것입니다. 목동잔반프로젝트 팀의 성과는 바로 이러한 프로세스를 한국 학생들이 충분히 활용할 수 있다는 가능성을 보여줍니다.

아이들에게 자신이 사회에서 받는 혜택을 생각할 기회를 제공해보세요. 우주에는 지구가 있고, 지구에는 나라가 있고, 도시와 마을이 있습니다. 가정과 학교, 의료기관, 공공기관, 경찰 등 우리는 많은 사람의 도움을 받으며 살고 있습니다. 이런 것들을 알려주고 아이들이 어떤 공동체에 어떤 기여를 하고 싶은지 생각해보게 하세요. 그리고 직업의 진정한 의미란 바로 이런 생각에서 출발한다고 알려주세요.

직업을 돈벌이 수단으로 생각한다면 아이들이 되고 싶은 것은 건물주 외에 없습니다. 가능한 한 사회에 많은 기여를 할 수 있는 방법을 생각해보는 것이 창업교육의 시작입니다. 사회에 기여하고 싶은 꿈이 크면 클수록 글로벌 인재로 클 가능성도 커집니다. 나와 상관없는 사람들의 아픔에 공감하는 것, 바로 혁신적인 아이디어의 시작입니다. 포털사이트에 나와 있는 공감 스토리나 테드 강연을 아이와 함께 보고, 사회에 지금 어떤 문제들이 있는지 대화해보세요. 세상은 해결되어야 할 문제들로 가득 차 있습니다. 이런 문제들에 대한 관심에서 탁월한 아이디어가 생각납니다.

1달에 1번씩 사회 문제나 서비스에 대해 깊은 대화를 나누어 보세요. 아이의 시야를 넓히는 좋은 방법입니다. 뉴스에서 미세먼지에 대한 이야기가 나오면 그 주제로 이야기를 나눠보세요.

- "미세먼지를 없애는 방법은 무엇이 있을까?"
- "대기오염으로 고통받는 다른 나라도 있을까?"
- "위키피디아에 따르면 전 세계 인구의 92%가 유해한 대기오염에 노출되어 있다고 해. 해마다 600만 명 이상의 사람들이 대기오염과 관련된 질병으로 사망한다는 결과도 있어. 우리가 이 문제를 어떻게 해결할 수 있을까?

우리가 자주 접하는 서비스나 물건에는 누군가의 고민과 불편을 해결하려는 마음이 숨어 있습니다. 요새 이슈가 되고 있는 카풀 서비스도 혼자서 차를 이용하는 사람들과 택시 이용자의 경제적 부담을 덜기 위한 시도에서 시작됐습니다. 지금은 너무나 흔한 페트병 속의 물도 신선한 물을 마시고 싶어 하는 사람들을 위한 해결법이었습니다. 누가 물을 사 먹느냐고 말도 안 된다고 했던 시절이 있었지만, 지금은 물을 사 먹는 것이 너무나 당연한 일이 되었지요. 어떤 물건이나 서비스를 보고 이것이 어떤 불편과 고민에서 나온 아이디어인지 거꾸로 생각해보세요.

- "이번에 새로 산 지갑에는 손잡이가 달려 있네? 왜 이렇게 디자인한 것일까?"

- "이번에 새로 산 가방은 주머니가 참 많네? ○○(이)처럼 물건을 잘 잃어버리는 사람들을 도와주기 위해 만들어진 것일까?"

이런 질문에 답하다 보면 모든 물건이나 서비스에서 아이들이 고마움을 느끼게 됩니다. 우리가 다른 사람의 아이디어로 이렇게 편한 생활을 하고 있다는 것을 인지하면, 범사에 감사하게 됩니다. 그리고 이런 마음은 아이디어의 보고가 된다는 것이 많은 사례를 통해 증명되고 있습니다.

3장

스탠퍼드는 어떻게 탁월한 창업가를 키워냈을까?

아이들에게 천재들의 비밀을 알려준다고 말해보세요.

아이들은 귀가 솔깃해집니다.

“천재가 되고 싶으면 공감해야 해.”라는 말에 한 번은 관심을 보입니다.

이때 덧붙여 말해주세요.

“네가 친구와 공감하는 것을 연습하지 않으면 앞으로 사회생활이 힘들 수 있어.”

고무줄에 담긴 스탠퍼드의 지혜

아래의 글은 실제로 스탠퍼드 학생들이 만든 광고 영상에 나오는 카피입니다. 이것은 5달러 프로젝트의 변형본인 '고무줄 프로젝트'입니다.

> 당신의 문제를 획기적으로 바꿀 수 있는 신발 끈을 소개합니다. 스탠퍼드 대학 연구진이 오랫동안 연구해서 내놓은 이 신발 끈은 당신의 운동량을 증가시켜 근육량을 키우는 데 도움을 주고, 아이들이 신발 끈으로 생길 수 있는 모든 위험 가능성—끈이 풀려서 넘어지거나, 끈을 밟아서 다치게 되는—을 차단해서 아이들을 보호하는 기능이 탁월합니다. 특히 이 신발 끈의 독창적인 디자인은 캐주얼 복장뿐만 아니라 비즈니스 정장에도 잘 어울려서 당신의

전문성을 돋보이게 해줍니다. 이 혁신적인 기능을 갖춘 신발 끈을 출시한 기념으로 할인해서 판매합니다. 3개를 2,000원에 가져갈 기회를 놓치지 마세요.

스탠퍼드에서는 해마다 평범한 물건에서 가치를 만들어내는 일들이 일어납니다. 고무줄, 포스트잇, 물병 같은 일상의 물건을 변형하거나 '재밌게 돈을 저축하기' 같은 무형의 아이디어도 포함됩니다. 이 활동을 통해 최소한 혁신이라는 단어를 쓰려면 최첨단 기술이나 지식이 필요하다는 생각이 얼마나 잘못된 것인지 알 수 있습니다.

저는 사람들에게 창업 계획이 있느냐고 물어보곤 합니다. 보통 그럴싸한 아이디어나 기술이 없어서 못한다는 대답이 가장 많이 나옵니다. 좀 더 깊게 들여다보면, 그들이 말하는 기술은 첨단 기술 지식이 부족한 경우를 말했습니다. 이런 고정관념을 깨기 위해 스탠퍼드는 평범한 사물에서 가치를 창출하는 대회를 해마다 열고, 여기에 참여한 학생들이나 그것을 보는 사람들에게 이런 터무니없는 것도 아이디어가 될 수 있음을 체험하게 합니다.

사실 우리에게 정말 중요한 것은 '평범함'에서 '특별함'을 찾는 가치 창출의 능력입니다. 강냉이를 파는 푸드트럭에 재미와 젊음이라는 가치를 부여한 '압구정 뻥튀기' 노희홍 대표, 어르신들이 좋아하는 약과와 강정에 손쉽게 접할 수 있는 전통음식이라는 가치를 부여한 '강정이 넘치는 집'의 황인택 대표를 훌륭한 사례로 꼽을 수 있습니다. 어디서나 볼 수 있는 것들이라도 어떻게 가치를 두느냐에 따라 특별해질 수 있습니다.

저는 교육 분야에서 어느 정도 성취한 경험을 가지고 있습니다. 대학시절에 과외할 때 커리큘럼이라는 말이 낯설 때부터 커리큘럼을 짜서 과외를 했습니다. 부모님들이 만족할 정도로 아이들의 성적을 향상시켰지요. 교육회사에서 근무하던 시절에는 수십 개의 서로 다른 콘텐츠를 연구해서 강사들을 훈련해 눈에 띄게 좋은 성과를 거뒀습니다.

20년간 교육업계에 몸담으면서 알게 된 것은 국어, 영어, 수학 같은 교과목을 이해하고 가르치는 것은 쉬운 편이라는 것입니다. 오히려 이해하기 어려운 것은 지금 하고 있는 창업교육입니다. 하지만 콘텐츠를 연구했던 경험을 살려서 스탠퍼드가 가르치는 것들을 직접 배워 아이들에게 가르쳤고, 지금은 스탠퍼드식 창업교육을 국내에서 가장 체계적으로 잘 가르치고 있다고 자부합니다.

스탠퍼드식 창업교육은 용어가 주는 거창함이 무색할 정도로 사소한 활동들을 다양하게 합니다. 고무줄이나 종이컵을 가지고 놀기도 하고, 고무찰흙으로 인형을 빚어보기도 합니다. 색종이로 비행기를 접는 것도 모두 스탠퍼드식 창업교육의 한 과정이라고 할 수 있습니다. 표면적으로는 무척 쉽고 간단해 보이는 이 활동들의 기저에는 스탠퍼드의 깊은 철학이 깔려 있습니다.

이 교육이 전달하고자 하는 것을 이해하기 위해서는 그들의 철학에 대한 이해가 우선되어야 합니다. 이런 지혜를 터득하기 위해서는 아는 것만으로 안 되고, 행동하면서 이해해야 합니다. 또 할 수 있다고 믿고, 불가능해 보여도 도전해야 합니다. 스탠퍼드의 디스쿨이 전달하려는 메시지의 핵심은 바로 이것입니다. 그래서 스탠퍼드는 말로 설명하지 않고 무엇이든지 해보게 한 뒤, 무엇이든 할 수 있다는 지혜를 스스로 터득하게 합니다.

이 교육은 먼저 작은 활동을 주고, 이 활동을 완수하게도 하고 실패하게도 합니다. 수없이 성공과 실패를 경험하게 하면서 스스로 정신의 변화를 맛보게 합니다. 실패하는 과정에서 성취감을 지속적으로 느낄 수 있도록 다양한 환경을 만들어주는 것이 스탠퍼드 교육의 특징입니다.

한국에 이런 교육이 절실하다고 생각하는 이유는 점점 학생들이 아무것도 하지 않으려고 하기 때문입니다. 아이들은 "귀찮아요."라고 말하지만 막상 대화해보면 실패할 바엔 하지 않겠다는 심리가 작용하고 있으며, 해봤자 크게 달라질 것도 없는데 굳이 왜 하느냐는 냉소적인 태도가 깔려 있습니다. 그런데 어른들은 무엇이든지 부딪히고 용감하게 맞서라고 말만 합니다. 아이들이 경험할 수 있는 환경을 만들어준 적은 없습니다.

제 경우만 봐도 경험에서 나오는 자신감이 현재 사업을 하는 원동력이 되고 있습니다. 특히 창업교육은 창업 내용에 대한 전문적인 지식이 부족하면 위축되기 쉽습니다. 창업의 무대는 전 세계이고, 분야는 세상의 거의 모든 것입니다. 제가 그 모든 것을 빠삭하게 알고 있을 수는 없습니다. 하지만 창업은 아이템에 대한 전문지식보다 창업의 원리에 대한 이해가 필요합니다.

저는 초등학생부터 대학생, 성인까지 전 연령대의 수업을 기획해서 진행하고, 그 대상들은 전공과 직업이 매우 다양합니다. 중장년층 어르신이나, 교사, 교수 등 전문직종에 종사하는 분들에게도 코칭하고 있습니다. 저보다 인생 경험이 더 많은 분들과 더 높은 학벌, 더 많은 지식을 가진 사람들에게도 제가 가진 전문지식을 자신 있게 전달할 수 있게 된 데는 과거의 성취감이 유효했습니다.

사회생활에서 성취감이 이렇게 중요하기 때문에 스탠퍼드식 창업교육의 첫 단계가 '성취습관'을 갖도록 돕는 일입니다. 성취습관을 길러주는 활동은 대부분 유치원에서 하는 놀이과정과 매우 흡사합니다. 스탠퍼드 공과대학의 스탠퍼드테크놀로지벤처스프로그램에 나오는 퍼즐 프로젝트에서 사용하는 퍼즐은 100조각으로, 6세용입니다. 슬프게도 유치원생 수준의 과정을 대학생들과 어른들은 대부분 잘 못 따라옵니다. 오히려 어른들이 유치원생들의 생각과 행동 양식을 배워야 하는 것이 스탠퍼드식 창업교육의 놀라운 점입니다. 어떻게 이런 일이 가능할까요?

마시멜로 챌린지에서도 보았듯이 아이들은 무엇인가를 보면 일단 몸으로 부딪혀봅니다. 냄새를 맡기도 하고, 입에 넣어보기도 하고, 블록이든 물감이든 일단 쌓아보고 몸에 묻혀봅니다. 이런 자세는 4차 산업혁명 시대에 가장 필요한 행동 양식입니다.

반면 어른들은 어떤가요? 블록을 보면 무슨 모양을 만들어야 할지 고민합니다. 물감을 보고 무슨 그림을 그릴지 한참 고민하다가 물감 뚜껑을 열어보지도 못합니다. 그래서 물감은 점점 굳어지고, 나중에는 쓰레기통에 처박히게 되지요. 어른들은 무언가를 하려면 전문가 수준의 기술이나 지식이 필요하다고 생각합니다. 이는 오랫동안 사회화 경험을 통해 체득한 지혜입니다. 수준이 떨어지는 작품은 남들에게 보여주기 창피하고, 남들에게 비웃음을 받는다고 생각합니다.

그래서 무언가를 하기 전에 아주 많은 에너지를 쏟아 남몰래 시작합니다. 4차 산업혁명 시대의 빠른 변화 속도는 우리가 완벽을 위해 준비하는 동안 필연적으로 우리를 뒤떨어지게 만듭니다. 완벽한 준비가 되는 순간, 준비된 것은 구세대의 유물이 되는 것입니다. 그래서 일단 시작해보고, 여기저기 적용해보고, 잘못된 부분을 개선해나가야 합니다.

그런데 이런 행동은 어른들에게는 참 힘든 일인가 봅니다. 그래서 우리는 아이들이 1살이라도 어릴 때 창업교육을 가르쳐야 합니다. 사실 유치원생들의 이런 행동 양식은 인간의 본능적인 활동 양식입니다. 다만 오랫동안 사용하지 않아서 잊어버렸을 뿐입니다. 그래서 자꾸 몸에 익을 수 있도록 여러 번 해봐야 합니다. 유치원을 가기 좋아하는 아이들에게 유치원은 마냥 즐거운 곳인 것처럼 말입니다. 모르는 것을 배우고, 친구를 만나고, 작은 성취감을 반복해서 느낄 수 있는 곳이니까요.

교육 목표를 성취습관을 들이고 기업가정신을 기르는 것으로 바꾸면 어떨까요? 그 현장으로 학교를 선택한다면, 학교는 지옥 같은 곳이 아닐 수 있습니다. 불가능한 꿈이 아니냐고요? 학교에서 창업교육을 할 때 학생들이 그렇게 즐거워 보일 수 없습니다. 아이와 마시멜로 챌린지를 해보신 분들은 눈으로 그 가능성을 확인하지 않았나요? 학교 선생님들도 창업교육을 하는 아이들을 보면서 경악에 가까운 놀라움을 표현합니다. "세상에! 아이들이 A4 용지 하나로 이렇게 좋아하다뇨!"

어느 학교에나 수업에 흥미를 끌기 위한 교구들이 많습니다. 그 수많은 교구들은 학생들의 흥미를 전혀 끌지 못하는데, 저는 A4 용지 1장으로도 열광적인 반응을 얻습니다. 그 비밀은 A4 용지에 있지 않습니다. A4 용지가 아이들을 사회적 일원이 되게 만들고, 거기서 아이들은 성취감을 느끼기 때문입니다. 이런 일이 가능한 것은 교육 목표를 성취감으로 바꾸면서 일어난 마법 같은 변화입니다.

성취습관이 중요한 이유는 이렇습니다. 뛰어난 생각을 하려면 먼저 긍정적으로 생각하는 법을 배우고, 잠재력을 길러야 합니다. 그래야 더 많은 뛰어난 생각을 불러오기 때문입니다. 인체에서 백신이 하는 일을 생각해보세요. 연약한 병균을 넣어서 몸이 스스로 병균을 이기는 연습을 시키는 것이 백신의 역할입니다. 약한 병균에 승리할 수 있어야 몸 전체의 건강을 지키는 면역력을 키울 수 있는 것처럼, 아이들은 작은 성취감들을 경험해서 성취습관을 가져야 정신 건강을 유지하고, 강한 정신력을 계속해서 길러나갈 수 있습니다.

평소 자녀들을 양육할 때 성취감의 중요성을 알려준다면, 아이들은 불평과 불만을 말하는 대신에 문제점에서 기회를 찾으려고 할 것입니다. 따라서 아이들의 불평거리는 크면 클수록 좋습니다. 문제가 클수록 기회도 많아지기 때문입니다. 아이가 문제를 정확하게 인식하면, 아이는 "이렇게 한번 해볼까?"라고 자신만의 아이디어를 말하려고 합니다. 그리고 어릴수록 고민 없이 아이디어를 실현해보려고 합니다. 아이가 낸 살짝 어설픈 아이디어라도 쉬운 방법으로 보여주려고 할 것이고, 부모나 다른 사람들의 반응이 어떤지도 지켜보려고 할 것입니다. 사람들의 반응이 영 별로라도 굴하지 않습니다. 보통 1, 2번 정도는 아이디어를 더 발전시켜볼 테니까요. 이런 행동이 가능하다면 우리 아이들은 이미 창업형 인재가 된 것입니다.

이런 과정에서 아이는 자신의 아이디어를 소중히 여기게 되고, 훌륭한 아이디어를 실행해보는 자신을 사랑하게 됩니다. 그렇다면 도대체 어떻게 가르쳐야 아이들이 이런 과정을 주도적으로 끌어갈 수 있을까요? 일단 아이에게 마음을 열고 관대해지세요. 아이에게 성취습관을 길러주는 방법은 제가 차차 알려드리겠습니다.

크리에이티브 챌린지 2 : 고무줄 가지고 놀기

1. 고무줄로 할 수 있는 일을 아이와 함께 생각해봅니다.
2. 고무줄에 글씨를 써서 선물한다면, 누구에게 뭐라고 써야 가장 기뻐할지 아이에게 물어보세요.
3. 고무줄로 절대 할 수 없는 일을 아이에게 물어보세요. 왜 그런지도 말해 보라고 하세요.

크리에이티브 챌린지 3 : 고무찰흙으로 인형 만들기

1. 고무찰흙을 5개 덩이로 나누어 모양을 마음대로 만들어보게 하세요.
2. 만들어진 5개 덩이를 가지고 사람 인형을 만들게 하세요. 처음의 모양을 가능한 한 유지해야 합니다.
3. 다 만들어진 인형을 어떻게 사람 인형으로 볼 수 있는지 이야기를 나눠 보세요.

※ 주의사항 : 아이를 향해 절대 비난하거나 조언을 하지 않습니다. 아이가 만들어낸 결과물과 노력을 칭찬하세요.

천재들을 탄생시킨 비밀, 디자인씽킹

디스쿨을 만들어낸 디자인씽킹이란 과연 무엇일까요? 하쏘 플래트너는 왜 거금을 들여 디자인씽킹을 세상에 퍼트리고자 했을까요? 디자인씽킹은 디자인사고라고도 하는데, 아이데오가 개발한 디자인 과제를 해결하기 위한 훈련법입니다. 나 자신을 벗어나 전체를 보는 시각을 기르고, 거기서 아이디어를 점핑시키는 방법을 배울 수 있습니다. 특정 제품이나 서비스에 한정되지 않고 실생활에도 적용할 수 있는 '무정형'의 것까지 포함합니다.

디자인씽킹은 5가지 원칙으로 진행됩니다. 공감하기, 문제 정의하기, 아이디어 창출하기, 시제품 만들기, 시험해보고 피드백 받기. 즉, 사고방식을 체계적으로 훈련해가는 과정입니다. 디자인씽킹에 관해서 조금 더 쉽게 이해하기 위해 화가와 디자이너를 예로 들어보겠습니다. 화가는 영감을 가지고 자신이 그리고 싶은 것을 그립니다. 이와 달리 디자이너는 보통 고객의 요구에 따라 아이디어를 발전시킵니다. 즉, 발상의 시작이 처음부터 끝까지 '고객 우선주의'입니다. 좋은 디자인은 고객의 숨겨진 요구를 얼마나 충실히 채워내느냐에 달려 있습니다.

고객의 요구사항을 이해하는 것은 분명히 어려운 일입니다. 인간은 자기 자신을 의외로 잘 모르기 때문에 내가 무엇을 원하는지를 정확히 알지 못합니다. 그래서 이 딜레마를 해결하기 위해서 많은 교육을 받은 전문가들이 지식에 입각해서 전문가적인 의견을 제시했습니다. 이것이 전통적인 비즈니스 스쿨이 가르치는 방법입니다.

하지만 디자인씽킹은 고객의 니즈를 데이터로 파악하지 않습니다. 철저하게 사람 중심으로 생각합니다. 사람에 대한 공감으로 시작하는 디자인씽킹은 관찰을 통한 '역지사지易地思之'의 방식으로 고객의 입장에서 생각합니다. 전문가와 비전문가로 나누었던 전통적인 관념에서 벗어나, 철저하게 상대방의 입장에서 모든 것을 바라보는 것을 바탕으로 합니다.

그러다 보니 전문가의 입장이라고 해도 디자인사고에서 절대 유리하지 않습니다. 온전히 '나'라는 존재에서 벗어나 '너'가 될 수 있어야 디자인사고에서 유리합니다. 이런 관점의 차이가 지닌 힘을 이해하고, 기존의 생각습관을 벗어나는 것이 바로 디자인사고의 핵심 기능이라고 할 수 있습니다.

나는 너와 다른 사람이라는 계급적 마음가짐에서 완전히 벗어나기 위해 우리는 사고방식을 완전히 다르게 세팅해야 합니다. 이런 사고훈련 과정으로부터 나온 성과는 곳곳에서 찾아볼 수 있습니다. 대표적인 사례로 언급되는 것이 아프리카에서 발생하는 저체온증 미숙아를 위한 문제해결입니다.

아프리카에서 신생아가 태어나면 저체온증으로 사망하는 일이 많았습니다. 선진국은 이 문제를 해결하기 위해 미숙아를 위한 인큐베이터를 보급했지만, 아프리카는 전기가 부족하고 병원 시설이 미비합니다. 고가의 인큐베이터가 전혀 소용이 없었습니다. 그래서 이 문제를 해결하기 위해 다양한 분야의 사람들이 디자인씽킹을 해서 새로운 해결책을 제시했는데, 그 방법은 핫팩과 포대기였습니다. 저체온증은 온도 유지가 핵심이란 것을 간파하고, 전기 없이 아프리카의 미숙아 문제를 30% 이상 감소시키는 성과를 이루어냈습니다.

의료전문가에게는 전문지식이라는 강한 고정관념이 있습니다. 미숙아의 저체온증 문제를 해결하는 답은 인큐베이터라는 것이 그들의 전문지식에 입각해서 내놓은 해결책입니다. 의료전문가들은 이 문제를 위해서 전기를 어떻게 공급받을지에 대해 고민했지만, 다른 분야의 사람들과 디자인씽킹을 통해 문제를 한 번 더 깊게 접근해서 온도를 쉽게 유지하는 방법으로 문제를 '재정의'했지요. 그리고 핫팩이라는 쉬운 해결책을 내놓을 수 있었습니다.

이외에도 디자인씽킹 과정을 통해 놀라운 해결책을 찾은 사례는 많습니다. 그렇다 보니 구글을 비롯해 실리콘밸리의 글로벌

ICT 기업들뿐만 아니라, GE와 P&G, 비자 등의 기업들이 디자인씽킹을 적극 도입하여 의미 있는 성과들을 지속적으로 내고 있습니다. 국내의 많은 CEO들도 직접 스탠퍼드 대학의 디스쿨을 방문하는 것이 유행일 정도로, 이들의 문제해결 과정은 세계적으로 명성이 높습니다.

디자인씽킹에서 중요시하는 '공감능력'은 다른 사람의 행동을 모방하는 거울신경세포가 있는 인간이라면 누구나 가지고 있는 능력이라고 알려져 있습니다. 때때로 강화되기도 하고 약화되기도 하는 추상적인 능력이다 보니, 지금까지 사람들은 별로 주목하지 않았습니다. 그러나 《생각의 탄생》이라는 책을 보면 천재들의 창의적인 아이디어에는 언제나 공감능력이 작용했다는 것을 알 수 있습니다.

'침팬지의 어머니'라고 불리는 제인 구달은 동물학을 학문적으로 연구한 적이 없지만, 세계적인 침팬지 연구 권위자입니다. 탄자니아에서 40년이 넘게 야생 침팬지와 지내면서 침팬지들에게 데이비드, 골리앗 등의 이름을 지어주고, 그들과 함께 생활하면서 침팬지가 육식을 즐기고 도구를 좋아한다는 사실을 밝혀 세상을 놀라게 했습니다. 아인슈타인은 자기 자신을 '빛 입자'라고 생각해서 빛의 운동 원리를 이해할 수 있었습니다.

1983년 노벨 생리의학상 수상자인 바바라 매클린톡은 평생 옥수수 유전연구에만 몰두했습니다. 그녀는 인터뷰에서 이렇게 말했습니다. "싹이 나올 때부터 그 식물을 바라보잖아요? 그러면 저는 그걸 혼자 버려두고 싶지 않았어요. 싹이 나서 자라는 과정을 빠짐없이 관찰해야만 저는 정말로 안다는 느낌이 들었어요."

이런 것을 보아도 디자인씽킹에서 공감 단계(때로는 관찰 단계라고도 합니다.)가 새로운 아이디어를 발생시키는 도구가 될 수 있다는 것을 알 수 있습니다. 즉, 시대를 이끌어왔던 창의적인 인재들은 이미 공감능력을 활용했고, 스탠퍼드가 정립한 디자인씽킹은 이 천재들의 사고법을 구체적으로 알려주고 있습니다.

지금 교육 현장에는 많은 문제가 일어나고 있습니다. 학교폭력, 왕따, 교권침해, 성희롱 등등 매일 뉴스들을 봐도 놀랍지 않은 이유는 너무 자주 접하는 소식이기 때문입니다. 이 문제들을 가만히 들여다보면, 타인에 대한 이해와 공감이 부족했기 때문에 생긴 일입니다. 사이코패스나 소시오패스를 보면 인간 고유의 공감능력이 점점 약화되고 있는 것 같습니다. 스마트폰의 '전자기파'에서 원인을 찾는 사람도 있습니다. 분명히 영향은 있을 것입니다. 하지만 더 큰 문제는 인성교육이 자연스럽게 이루어질 수 없는 환경 탓입니다. 인간이 인간다움을 훈련해야 하는 시기가 왔다고 생각합니다.

인간은 사회적 동물이라서 다른 인간들로부터 사회성을 배웁니다. 그러니 인간과 격리돼서 살아온 인간에게 인간성을 요구할 수는 없습니다. 지금 우리 아이들은 마치 가상세계라는 정글에서 살고 있는 미성숙한 인간과 같습니다. 아무리 가정에서 인간다움을 가르쳐도 외부에서 만나는 사람들이 전부 적대적으로 느껴진다면, 아이는 스스로를 지키기 위해 점차 인간다움을 포기할 수

밖에 없습니다. 학교폭력의 피해자들이 일순간 가해자가 되는 일이 벌어지는 것도 이런 학습 효과 때문입니다.

또한 아이들이 친구를 경쟁자로만 보는 것은 상대평가의 폐해이기도 합니다. 아이들에게 협업으로 이루어낸 멋진 결과물들을 보여주세요. 그리고 직접 디자인씽킹을 하게 해서 다른 사람의 관점을 익히는 일이 얼마나 매력적인 일인지 알려주세요. 나만의 성공을 위해서 노력하는 것보다 다른 사람을 위해서 행동하는 것이 진짜 원하는 것을 더 많이 얻는 길이라는 다소 속물적인 교훈을 더해도 좋습니다. 때로는 이런 말들이 최소한의 사회성을 키워주기 위한 강력한 동기가 될 수 있음을 창업교육을 하면서 알게 되었습니다.

천재들의 비밀이 다른 사람과 공감하는 것이라고 말해주면 학생들은 대부분 당황합니다. "착하게 행동하면 복 받을 거야."라는 말에는 더 이상 귀 기울이지 않지만, "천재가 되고 싶으면 공감해야 해."라는 말에 최소한 한 번은 관심을 보입니다. 지금 아이에게 공감해보라고 말해보세요. 그리고 덧붙여주세요. "네가 친구와 공감하는 것을 연습하지 않으면 앞으로 사회생활이 힘들 수 있어." 부모 세대가 자랄 때는 굳이 말해주지 않아도 알고 있던 사실들이 요즘 아이들에게는 마냥 낯설게 느껴지는 것 같습니다. 디자인씽킹을 하는 방법에 대해서는 다음 페이지에서 더 자세히 말씀드리도록 하겠습니다.

스탠퍼드가 밝힌 창업교육 4단계

'창업'과 '서울대'는 관련이 아주 많습니다. 대학생들이 창업할 때 국내 심사위원들이나 투자자가 가장 많이 보는 것이 학벌입니다. 요즘 취업에는 블라인드 채용도 실시하지만, 창업 아이디어 심사에서 제일 눈여겨보는 것은 대표자와 팀원의 학벌입니다. 그래서 서울대와 카이스트대 학생들의 사업 통과율이 매우 높습니다. 투자를 받기도 쉬운 편입니다. 왜 그럴까요?

서울대와 카이스트에는 교내 자체 펀드가 있기도 하고, 졸업생들 간에 네트워크가 좋아서 창업 성공률이 높다고 평가하기 때문입니다. 그리고 같은 아이디어라도 지방대 학생들과 서울대 학생이 짊어지고 가는 무게가 다릅니다. 특히 혁신 창업의 경우, 외부 전문가가 자세한 기술을 이해하기 어려워서 출신 학교나 전공을 우선적으로 고려하는 것도 부인할 수 없는 사실입니다.

미국에서도 마찬가지입니다. 스탠퍼드 대학 출신이라는 것만으로 어느 정도 실력을 증명하는 길입니다. 미래를 예측하는 투자전문가들조차 미래를 정확히 알지 못하니까요. 평균적으로 투자 성공률을 살펴보면 90%가 실패합니다. 단 10%의 성공이 나머지 손해를 메워주고 있습니다. 적중률로 따지면 일반인보다 확률이 더 높다고 볼 수도 없습니다. 그래서 창업하려는 사람들이 어느 학교 출신인지 따지게 되는 것입니다. 이는 부인할 수 없는 사실이고, 어쩔 수 없는 현실입니다. 시장에 나와야 가치를 알 수 있는 아이디어를 미리 평가하려니, 출신 학교가 최소한의 척도가 되는 것입니다.

창업은 어려운 일입니다. 그래서 누구나 창업할 수 있다고 말한다면 틀렸습니다. 그렇다고 서울대와 카이스트 출신 이외의 사람들이 창업하지 말라는 것도 아닙니다. 창업에 무모하게 뛰어들지 말라는 말입니다. 창업이 뭔지 충분히 알고 시작해야지, 가벼운 마음으로 도전해서는 안 됩니다. 그런 마음가짐이라면 서울대 출신과 카이스트 출신의 사업은 출발이 조금 쉬울 뿐이지, 차후 시장에서의 판단은 냉정합니다.

실리콘밸리 역사상 최대의 사기극을 벌인 엘리자베스 홈스Elizabeth Holmes의 이야기를 아시나요? 스탠퍼드 출신으로 '여자 스티브 잡스'라는 별칭을 얻으며 실리콘밸리 투자자들의 엄청난 투자를 받았습니다. 결국 사기꾼으로 전락해버린 그녀의 사례를 보면 출신 학교에 대한 후광 효과가 분명하게 작용했지만, 그것이 가장 결정적인 요소가 되어서는 안 된다는 것을 보여줍니다.

이런 사실을 언급하는 것은 모두가 같은 교육을 받아도 사람들이 내는 결과물이 다를 수밖에 없다는 것을 상기시키기 위해서입니다. 한 교실에서 한 선생님에게 배워도 성적이 모두 다르듯이 창업교육도 같은 환경에서 여러 명이 똑같이 받더라도 결과물은 개인의 능력에 따라 천차만별입니다. 스탠퍼드가 만들어낸 업적이 놀라운 것은 바로 여기부터입니다. 교육의 격차가, 다른 학교 교육에서 보이는 차이에 비해 압도적으로 작습니다. 그들은 단순히 이론을 강의하는 것이 아니고, 경험에 의한 학습 프로세스를 잘 구축했기 때문입니다.

지식을 전달할 때는 보통 '전달 가능한 것'과 '전달 가능하지 않은 것'을 구분합니다. 전달 가능한 것은 학문이라는 카테고리에 있는 것이고, 전달 가능하지 않는 것은 무형의 기술이나 감각 등을 말합니다. 보통의 학교들은 전달 가능한 것만 교육시키는데, 이는 쉬운 일입니다. 반면 스탠퍼드의 디스쿨은 그동안 보통의 학교에서는 전달이 불가능해 가르치지 않았던 것들을 전달하는 교육을 했습니다. 즉, 기업가정신입니다.

기업가정신은 태도이자 마인드이기 때문에 무언가를 배우면서 나오는 부차적인 산물이지, 그 자체가 목적이 되기에는 적합하지 않은 교육 내용입니다. 예를 들어 '착하게 살기'라는 과목은 없는 것처럼 말입니다. 설사 과목이 존재한다 해도 이것을 들으려는 사람은 거의 없을 것입니다. 착하게 살아야 하는 게 인간이 가진 최소한의 양심이라는 것을 알면서도 때때로 주어진 상황에 따라 실천하지 못할 뿐이지, 몰라서 못하는 것은 아니기 때문입니다.

기업가정신도 마찬가지입니다. '실패를 두려워 말고 도전하기'가 삶에서 중요한 것은 삼척동자도 다 압니다. 하지만 실패했을 때 여러 가지로 손해가 계산되니까 망설이는 것입니다. 돌다리도 두드려보고 가라고 했는데, 실패를 두려워하지 말고 도전하라고 하면 누가 모든 것을 올인할 수 있을까요? 그래서 기업가정신이 경영학의 한 분야가 되고 나서도 이에 대한 정의와 이론만 있을 뿐, 기업가정신을 직접적으로 심어주는 교육은 없었던 것입니다. 그런데 스탠퍼드 디스쿨은 그것을 시도했고, 성공했습니다.

이 교육 내용을 가장 잘 디자인한 사람이 바로 티나 실리그 교수입니다. 2009년 기업가정신 교육 프로그램 개발과 전파에 공을 인정받아, 이 분야의 노벨상이라고 하는 '버나드 M 고든상'을 수상한 티나 실리그는 스탠퍼드 공과대학의 스탠퍼드테크놀로지 벤처스프로그램의 집행이사입니다.

그녀가 《시작하기 전에 알았더라면 좋았을 것들》이라는 책에서 15년간 스탠퍼드가 기업가정신을 교육해온 원리를 정리했는데, 매우 일목요연하고 분명하게 밝히고 있습니다. 책에 따르면 기업가정신을 키우기 위해서는 아이가 언어를 배울 때 '소리→낱말→문장→이야기' 순으로 배우는 것처럼 기업가정신을 교육할 때도 순차적인 단계를 거쳐야 한다고 말합니다. 총 4단계로 이루어져 있습니다.

상상력→창조성→혁신→기업가정신

언어를 습득하는 4가지 과정처럼 기업가정신을 배울 때도 4단계의 발명 사이클을 차례로 밟아가야 합니다. 즉, 기업가정신은 앞의 3단계를 거치지 않고서는 절대 길러질 수 없습니다. 우리의 교육은 이러한 원리를 무시하고 기업가정신부터 가르치려고 해서 효과가 없는 것입니다. 특히 '상상력'을 종종 '공상'과 오해하곤 하는데, 상상력과 공상은 반드시 구분해야 합니다. 현실을 기반으로 하면 상상력이고, 현실을 무시하면 공상입니다.

기업가정신은 일단 이불 밖으로 나가야 합니다. 이불 안에서 하는 것은 공상이니까요. 집 밖에서 무엇이든 하면서 동시에 생각해야 합니다. 대학생들이 텅 빈 이력서와 자기소개서를 들고 와 상담할 때 모두가 공통으로 하는 말이 있습니다. "해본 게 없어서 적을 게 없어요." 그래서 저는 카페나 편의점에서 아르바이트한 것은 없는지 이것저것 질문해봅니다. 그런데 열이면 열, 백이면 백 학생들은 편의점 아르바이트는 취업에 도움이 되지 않는 스펙이라고 믿고 있습니다. 잘못된 고정관념입니다. 학생들이 편의점 아르바이트를 하면서 조금만 신경 쓰면 날마다 매출이 다르다는 것을 알 수 있습니다. 그리고 날씨, 조명, 진열 방법 등에 따라 왜 매출이 다른지 고민하고 바꿔보면 편의점 아르바이트 경험만 가지고도 서류에 쓸 말을 충분히 찾을 수 있습니다.

아이디어는 어떤 상황에서든, 어떤 물건에서든 나올 수 있는 것인데, 제가 만난 많은 학생들은 그것을 모르고 마음의 눈과 귀를 닫고 있었습니다. 이 사실을 알려주는 것이 바로 '관찰'에서 시작하는 '상상력' 단계입니다. 무엇이든 자세히 살펴보면, 상상하게 됩니다. 제대로 관찰하기 위해서는 호기심이든, 흥미든, 관심을 가져야 합니다. 관심을 가지고 지켜보면, 생각이 나기 마련이고 문제를 제대로 인식하게 됩니다.

'창조성' 단계는 문제를 인식한 상태에서 이 문제를 해결하기 위해 여러 아이디어를 내고, 그 아이디어가 맞는지 실험해보는 단계입니다. 이 단계를 거치면 자신만의 특별한 아이디어가 나오고, 처음에 했던 문제를 재구성하게 됩니다. 이것이 '혁신' 단계입니다. 마지막으로 기업가정신은 혁신 단계에서 나온 나만의 독특하고 특별한 문제해결법을 다른 사람에게 설득하는 과정입니다.

개별 문제들을 하나하나 해결할 수도 있지만, 여러 가지 문제를 한꺼번에 해결하기 위해서는 보통 사업화 단계를 거칩니다. 이것이 창업의 과정이고, 기업가정신의 시작입니다. 이 모든 단계는 1번의 사이클을 거치고 끝나는 것이 아니라, 처음으로 돌아가 다시 시작하는 일을 반복해야 합니다. 그 과정에서 기업가정신이 자연스럽게 길러집니다. 우리가 기업가정신을 가르치기 위해 4가지 발명 사이클을 알고, 반복해야 하는 이유입니다.

당신이 지금 바라보는 것이 아이의 인생을 결정한다

소설가 헤르만 헤세의 전시회를 갔습니다. 작가의 그림이 대부분 컴퓨터 아트로 만들어져 있었습니다. 자연스럽게 그림이 움직이는 스크린 기술이 어쩐지 작가의 원래 작품보다 훨씬 인상적으로 다가왔습니다. 스크린 기술의 발달로 우리는 아주 높은 단계의 상상력을 맛보고 있습니다. 스스로 생각하는 것보다 스크린으로 보는 상상의 수준이 높다 보니, 우리의 상상력은 점점 약해지고 있습니다.

화면에서는 멋있는데, 실제로 보니 '애개?' 하고 실망했던 적 있으신가요? 저는 미국의 그랜드캐니언을 방문했을 때 그랬습니다. 그토록 기대하던 그랜드캐니언의 풍경이 TV로 보는 것만 못했습니다. 대형 영화관이나 전시관에서 크고 널찍한 스크린으로 보던 그랜드캐니언은 약간 흐리멍덩한 색깔이었고, 그다지 웅장해 보이지도 않아서(멀리서 바라보니까) 실망했습니다. 랜선라이프의 삶이 얼마나 위험한지 알게 되었지요.

스크린으로 보는 것은 실제보다 더 강렬합니다. 연예인의 실물은 화면이 더 멋있을 것 같고, 게임 캐릭터의 비현실적인 아름다움은 실제 인간에 대한 흥미를 떨어뜨립니다. 이런 경험을 지속적으로 하다 보면, 삶에 대한 우리의 자세는 소극적일 수밖에 없습니다. 결혼이 너무 하고 싶지만 애인이 없는 사람이 있다고 가정해봅시다. 소파에 앉아서 연애세포가 죽어간다고 한탄하는 것은 아무 소용이 없습니다. 문제를 해결하고 싶으면, 집밖으로 나가 사람을 만나야 합니다. 현실을 외면하고 스크린만 들여다보는 일은 결혼을 서두르는 사람이 다른 사람들로부터 단절되어 있는 것과 같습니다.

상상하기 위해 몰입하는 것은 미래를 예측하기 위한 첫걸음입니다. 이 단계에서 가장 중요한 것은 멀리서 바라보는 것이 아니라 직접 경험해야 한다는 것입니다. 단, 흥미와 관심을 가지고 해야 합니다. 우리는 흔히 현실과 동떨어져 있을수록 상상력이 풍부해진다고 생각합니다. 하지만 진짜 상상력은 현실에 발을 딛고 하는 것이어야 합니다.

현재 기업가정신이 나날이 떨어지는 것은 요즘 아이들이 놓인 환경 때문입니다. 스마트폰과 유튜브의 영향으로 요즘 아이들은 모든 경험을 스크린을 통해서 간접 경험하려고 합니다. 현재 트렌드를 들여다보면, 직접 경험보다는 이불 속에서 스크린을 통해 인생을 체험하려는 사람들의 수가 나날이 늘어가고 있습니다. 스크린 기술이 발전할수록 경험으로부터 체험할 수 있는 몰입의 기회를 갖기가 점점 어려워집니다. VR(가상현실) 콘텐츠에 무분별하게 노출되는 것을 반드시 경계해야 하는 이유입니다.

자, 그래서 집 밖으로 나왔다고 합시다. 이제 무엇을 해야 할까요? 잘 관찰하면 보이지 않던 것들이 보입니다. 티나 실리그는 그림 1점을 3시간 정도 관찰하는 하버드 대학의 미술사 수업을 예로 들며 말했습니다. "관찰은 우리 삶에서 그저 '하면 좋은 것'이 아니라 '무수한 기회로 이어지는 문을 여는 열쇠'입니다."

관찰의 기술을 알려주기 위해서 교수는 말없이 1시간 동안 산책하면서 자신이 보고 듣는 모든 것을 포착하는 과제를 내줍니다. 관찰은 아이디어를 시작하는 단계에서 매우 중요한 행위입니다. 디자인씽킹 과정에서도 처음에 시간을 주고 원하는 곳에 가서 1시간 동안 관찰하게 합니다. 그러면 문제점이나 나누고 싶은 이야깃거리가 분명히 생기고, 이런 행위가 디자인씽킹 과정의 씨앗이 됩니다.

이 책을 읽고 있는 지금, 잠시 책에서 눈을 떼고 주위를 둘러보세요. 바깥 풍경이든, 사람이든, 식물이든 모든 사물을 잘 관찰하면 그동안 몰랐던 것들이 눈에 들어오기 시작합니다. 저는 몰입의 경험을 알려주기 위해 학생들과 가끔 퍼즐을 맞춥니다. 완성된 퍼즐을 제한된 시간 동안만 보게 하고 스스로 퍼즐을 완성하게 합니다. 학생들이 엄청나게 집중해서 완성 그림을 들여다보는데, 이 정도의 집중력으로 무엇이든지 관찰하면 많은 아이디어가 떠오릅니다.

티나 실리그는 《인지니어스》에서 '스탠퍼드 사파리'라는 수업을 제안합니다. '자기 집 뒷마당에서의 현장 관찰'이라고 부르기도 하는데요. 관찰의 힘을 연마하기 위한 수업입니다. 책에 따르면 "스탠퍼드 사파리는 대다수 사람이 늘 보던 환경에서 그냥 지나치는 것들을 제대로 보기 위한 수업이다. 학생들은 날마다 캠퍼스에 대한 관찰을 현장일지에 기록해야 한다."고 합니다.

티나 실리그는 학생들이 캠퍼스에서 '잘 알려진 곳'과 '잘 알려지지 않은 곳'을 방문하게 합니다. 그리고 학생들은 자기가 관찰한 것들을 사진으로 남겨 웹사이트에 올립니다. 그리고 날마다 학생들은 각기 다른 구내식당에서 밥을 먹습니다. 이것은 아주 평범해 보입니다. 하지만 이 단순한 행동은 캠퍼스에 30개 이상의 선택지가 있는데도 날마다 같은 카페에서 커피를 마시는 것처럼 틀에 박힌 생활을 하는 학생들을 일깨웁니다. 학생들은 모교에 대해 많은 것들을 배우게 되지요. 눈을 크게 뜨고, 관심을 기울이고, 많은 질문을 던짐으로써 구석구석에서 많은 것을 배우게 됩니다. 관찰은 이렇게 아주 적극적인 경험입니다.

관찰습관은 큰돈을 들이지 않고도 기를 수 있습니다. 취업전문가로 일할 때 대학생들과 상담했던 이야기로 다시 돌아가 보겠습니다. 학생들에 따르면, 그들은 생각보다 많은 경험을 했습니다. 교환학생이나 해외여행을 다녀온 경험이 있고, 봉사활동이나 각종 아르바이트 등 다양한 활동을 했는데도 경험한 것이 없다고 말합니다. 이런 탄식을 들으면 '관찰 연습'이 얼마나 중요한지 다시금 깨닫게 됩니다. 학생들은 뭔가 좋은 아이디어를 얻으려면 상당한 비용을 투입해서 얻은 거창한 경험이 필요하다고 생각합니다. 하지만 절대 그렇지 않습니다.

편의점 아르바이트를 예로 든 것처럼, 지금 하는 일에 관심을 가지고 업무를 관찰하면 많은 사실을 발견할 수 있습니다. 시간대별 손님의 차이, 연령대별 구입하는 물건의 종류 등등 이런 사실들을 패턴화시켜서 고객에 대한 지식을 늘리면 많이 나가는 물건과 잘 나가지 않는 물건의 배치를 바꿔서 판매를 더 끌어올릴 수도 있습니다. 자신의 아이디어를 적용해서 얻은 결과가 있다면 상상력 단계를 완수한 것입니다. 그리고 이것이 가능하다면 영업 직무에 쓸 말이 저절로 생깁니다.

여기서 주의할 점은 상상을 막연하게 하면 안 된다는 것입니다. 몇 초 뒤에 일어날 일의 결과를 상상하는 것이 아니라, 그 과정을 구체적으로 그리는 게 좋습니다. 지금 당장 해야 할 일은 아이들을 밖으로 나가게 하는 것입니다. 밖으로 나가는 것이 불가능하다면 현재 앉아 있는 곳에서 시작합시다. 지금 있는 곳에서든, 산책을 하면서든, 1시간 동안 관찰해보세요. 카페에 가면 직원, 손님, 카페 인테리어를 보세요. 벽에 그려져 있는 그림이나 사진들이 보이고, 사람들의 표정도 보입니다.

실제로 디스쿨 홈페이지에는 매일 관찰일지를 쓸 수 있는 워크시트가 올라와 있습니다. 이런 것을 활용하지 않더라도 일상의 한 부분을 일정 시간동안 무엇이든 관찰하는 습관을 들이면, 창의적인 아이디어를 꺼내기 위한 가장 중요한 부분을 마스터한 셈입니다. 제가 캐나다에 있을 때는 엄마가 아이들과 'I spy' 놀이를 자주 했습니다. "I spy with my little eye something green…(엄마가 지금 파란 것을 보고 있는데…)"라고 하면 아이들이 엄마가 보고 있는 것을 맞히는 놀이입니다. 이 놀이는 관찰력을 키우는 데 도움이 됩니다. 지금 당장 아이들과 주변을 관찰하는 것을 연습해보세요.

크리에이티브 챌린지 4 : I spy 놀이

아이에게 엄마가 현재 무엇을 보고 있는지 물어보세요. 엄마가 무엇을 보고 있는지 맞히면서 아이는 주변에 대한 관찰력을 키울 수 있습니다.

엄마 : "엄마가 지금 빨간색으로 된 것을 보고 있는데 무엇일까?"

아이 : "싱크대 위의 컵이요?"

엄마 : "(틀렸다면)다시 생각해보렴." / "(맞혔다면)맞아!"

크리에이티브 챌린지 5 : 관찰일지 쓰기

1. 1달에 1번, 아이와 함께 장소를 정해서 1시간 정도 관찰하게 합니다.
2. 아이가 무엇을 보았는지 적게 합니다.
3. 다음 날 같은 곳에 가봅니다. 어제 적지 않은 것이 있는지 확인해보고, 관찰할 다른 것이 있는지 찾아보게 합니다.

크리에이티브 챌린지 6 : 같은 그림 오래 바라보기

1. 달력이나 명화 등 고화질의 그림을 1점 정합니다.
2. 1시간 동안 그림을 계속해서 바라보고, 무엇을 관찰했는지 아이와 이야기를 나눠보세요.

크리에이티브 챌린지 7 : 퍼즐 맞추기

1. 100개짜리 퍼즐을 맞춰보세요. 단, 아이에게 완성 그림을 보여줄 때 1분 동안 시간을 정해놓고 보여주세요. 완성 그림 없이 퍼즐을 맞추게 합니다.
2. 아이가 어려워하면 다시 완성 그림을 보여줍니다. 이때도 1분 동안 시간을 정하고 보게 합니다. 시간을 제한하면 아이들은 짧은 시간에 매우 높은 집중력을 보입니다.

질문 하나만 바꿨을 뿐인데

"엄마랑 아빠는 누가 매일 할 일을 정해줘요?"

아이가 고등학생 때 제게 이런 질문을 했습니다. 남편은 회사원이니까 업무가 정해져 있어서 설명이 쉬웠지만, 사업하는 저에게는 갑작스러운 질문이었습니다. 누가 제 스케줄과 업무를 정해줄까요? 선뜻 답하기 어려웠습니다. 왜냐하면, 제 사업을 하니까 제가 스스로 업무를 정할 것 같지만 아닙니다. 사실 고객이 정하는 경우가 태반이고, 일이 진행되는 상황에서 갑자기 스케줄이 정해지는 경우가 많습니다. 세상사가 이렇게 예기치 못한 상황의 연속으로 벌어집니다. 다음과 같은 문제 상황이 발생하면, 관련 업계에 있는 사람들에게는 일련의 업무가 발생합니다.

① 호텔 관리인이다. 호텔의 엘리베이터가 느리다는 불만이 접수되었다.

② 도시개발 사업을 추진 중이다. 강을 건너기 위해 다리를 어떻게 세울지 계획해야 한다.

③ 비행기 캐리어 업체의 대표다. 내년 매출 신장을 위해 캐리어를 새롭게 디자인해야 한다.

고객이 불만사항을 말할 때, 내년도 사업을 구상해야 할 때 이런 전제조건들이 생깁니다. 이런 문제 상황에서 우리는 반사적으로 해결책을 생각합니다. 경험이 많을수록 해결책이 빠르게 떠오를 것입니다. 먼저 당신이라면 이 일을 어떻게 처리할 것인지 생각해보세요.

①번의 경우 보통은 엘리베이터 전문 기술자를 부를 것이다.

②번의 경우 토목기사를 알아볼 것이다.

③번의 경우 캐리어 디자이너에게 디자인을 구상해보라고 할 것이다.

앞선 3가지 해결책과 당신이 생각한 일처리 방법이 비슷하다면, 당신은 일반적인 업무 과정을 잘 이해하고 있는 사람입니다. 이런 식으로 업무를 처리하면 매뉴얼을 잘 숙지한 유능한 사람입니다. 그런데 디스쿨에서는 일을 다른 방법으로 처리하도록 요구합니다. 아이처럼 끊임없이 '왜'라고 질문해보라고 합니다.

①번의 경우 "느리다."라는 불만이 '왜' 제기된 것인지 좀 더 자세히 알아본다.

②번의 경우 강을 건너기 위해 '왜' 꼭 다리가 필요한지 이유를 알아본다.

③번의 경우 고객들이 우리 회사의 캐리어를 '왜' 사지 않는지 이유를 알아본다.

스탠퍼드의 디스쿨은 문제를 재정의하라고 말합니다. 실제로 우리가 만나는 많은 일들은 제대로 된 문제가 아닌 경우가 많습니다. 이것을 위해서 스탠퍼드는 '5Why' 스킬을 제시합니다. 진짜 문제를 파악하기 위해서는 질문에 질문을 더해봐야 하고, 자신이 내린 모든 가정에 다시 의문을 제기해봐야 합니다. 그리고 어느 정도 문제를 파악했다고 해도 정보를 더 수집함으로써 한 번 더 점검해야 합니다. 5Why 스킬은 무엇이 진짜 문제인지 정의하기 위해 5번 이상 의문을 제기하라는 것에서 이름 붙여졌습니다.

그렇다면 위의 3가지 질문들에 '왜'를 더하면 어떤 결과가 나올까요? 애초에 엘리베이터는 느린 속도가 문제가 아닐 수 있습니다. '느리다.'는 것은 상대적인 개념으로 느리게 느껴지는 것이 문제일 수 있습니다. 그렇다면, 왜 느리다고 느낄까요? 엘리베이터 안에서 고객이 지루함을 느낄 수도 있습니다. 문제를 재정의하면 엘리베이터에 재미있는 전광판이나 거울을 설치하는 것으로 엘리베이터 안에 있는 시간을 지루하지 않게 할 수 있습니다. 혹은 엘리베이터가 서는 층수를 제한해서 속도 자체를 빠르게 할 수도 있습니다. 어떤 방법이 되었든 엘리베이터를 전면 교체하는 것보다 시간과 비용 면에서 더 좋은 해결책이 됩니다.

다리를 세우겠다는 계획은 강의 다른 쪽으로 건너가기 위한 목적이라면, 배라든가 터널 등 활용도에 따라 다른 해결책을 생각해볼 수 있습니다. 마지막으로 새로운 캐리어를 디자인하는 문제입니다. 여행 갈 때 짐을 옮기는 새로운 방식이 있는지 고민해보면 어떨까요? 실제 워크숍에서 이 질문을 했더니 놀라운 생각들이 나왔습니다. 캐리어를 새롭게 만들라고 하면, 보통 디자인이나 기능적인 측면에서 제한된 아이디어들만 나옵니다. 하지만 짐을 옮기는 새로운 아이디어를 내라는 미션을 주면, 완전히 다른 이야기가 나옵니다.

여행객들이 굳이 여행 가방을 들고 다니지 않아도 목적지에서 필요한 것들을 손에 넣을 수 있는 방법을 생각해내는 계기가 됩니다. 목적지에서 옷을 대여하는 서비스, 스스로 돌아다니는 여행가방의 발명 등 기발한 아이디어들이 나왔습니다. 질문 하나만 바꾸었을 뿐인데, 나오는 아이디어가 180도로 달라지는 경험은 모두에게 신선하게 다가왔습니다.

이 과정은 티나 실리그가 '리프레이밍(재구성)'이라고 부르는 수업의 한 과정입니다. 이 리프레이밍은 끝없이 혁신해야 하는 엔지니어링 과정에서 전혀 새로운 것은 아닙니다. 신제품의 아이디어를 구상하기 전에 제품의 기능 분석이라는 것이 있습니다. 선풍기를 예로 들면, 선풍기의 기능은 무엇일까를 분석하는 것입니다. 보통 사람들은 선풍기의 기능을 바람을 일으켜서 사람이 시원하다고 느끼게 하는 것이라고 말합니다.

하지만 선풍기의 시스템을 기능적으로 다시 정의하면 주변의 공기를 움직여 주변 공기의 온도를 낮추는 기능이라고 말할 수 있습니다. 즉, 바람을 일으킨다고 생각하면 선풍기의 날개가 필수라고 생각되지만, 주변의 공기를 움직인다고 정의하면 다른 방법을 생각할 수 있습니다. 공기를 끌어들이기 위해 제트엔진의 원리를 이용한 다이슨선풍기가 바로 그 예입니다.

조리용 칼을 예로 들 수도 있습니다. 음식물을 자르기 위해서는 칼날이 필요하지만, 칼의 단면에 자른 음식이 붙는 것은 불필요한 기능입니다. 칼의 단면이 칼날을 유지하기 위한 것이라면 단면의 면적을 최대한 줄여서 음식이 붙는 불필요한 기능을 줄일 수 있겠지요. 이것도 제품을 리프레이밍하는 과정에서 얻을 수 있는 아이디어입니다. 엔지니어링에서는 제품의 본질적인 기능을 알아보기 위해 5Why 스킬을 넣는 활동을 필수로 하고 있습니다.

리프레이밍은 새로운 물건을 만들어내는 데만 유용한 것이 아닙니다. 어떤 이슈가 주어졌을 때 진짜 문제를 찾아내는 것은 미처 생각하지 못한 창의적인 해결책을 찾아내는 데 매우 효과적인 방법입니다. 우리가 빤한 해결책만 생각하는 것은 문제를 충분히 점검하지 않았기 때문입니다. 성급한 해결책은 그저 그런 보통의 아이디어에 그치고, 성취감을 얻는다거나 뛰어난 생각으로 도약할 가능성을 제한합니다.

뛰어난 생각을 하려고 노력하는 것은 뛰어난 생각을 내놓았을 때 그에 걸맞은 뛰어난 사람들을 이끌기 때문입니다. 매일 반복하는 활동, 자주 사용하는 물건들에서 조금 더 고민하고 창의적인 아이디어를 내놓으려고 노력하면 마치 자석처럼 아이디어를 실현시켜줄 사람을 끌어당깁니다.

어른들에게도 어려운 일을 어떻게 아이들에게 가르치느냐고요? 어른들은 눈에 보이는 보상에 집착하는 습관이 있습니다. 문제를 해결했을 때 보상이 주어지지 않으면 별로 관심이 없습니다. 누구나 생각할 수 있는 평범한 아이디어를 내놓아야 조직 생활에서 무난하게 지낼 수 있다고 생각합니다. 반면 아이들에게 리프레이밍은 어른들보다 굉장히 자연스러운 일입니다.

저는 5Why 스킬을 자녀와의 대화에서 자주 사용합니다. 창업교육을 배우기 전에는 늘 바쁘고 여유가 없다는 핑계를 대며, 아이가 문제를 말하면 해결책을 빠르게 제시하는 나쁜 버릇이 있었습니다. 그런데 이제는 아이의 문제에 '왜'라고 질문하며 같이 되짚어보는 훈련을 합니다. 해결책은 되도록 아이가 제시하도록 이끕니다. 이 방법은 효과가 좋았습니다. 부모들은 그동안 해온 관성이 있어서 처음엔 조금 어려울 수 있습니다. 자꾸만 해결책을 알려주고 싶더라도 아이로부터 해결책을 끌어내세요. 아침에 일어나기가 힘들다고 투정하는 아이에게 이렇게 말해보세요.

아이 아침에 일어나기가 너무 힘들어요.

엄마 '왜' 일어나기 힘든데?(예전 같았으면 모닝콜을 설정해주고 끝났을 대화다.)

아이 알람을 설정해도 소리가 잘 안 들려요.

엄마 '왜' 알람 소리도 못 들을 정도로 잠을 잘까?

아이 밤에 잠이 잘 안 와서 늦게 잠이 들거든요.

엄마 '왜' 밤에 잠이 안 올까?

아이 글쎄요….

엄마 '왜' 잠이 안 오는지 잘 생각해봐.

아이 밤에 핸드폰을 하다 보면 잠이 잘 안 와요.

엄마 잠이 잘 안 오는데, '왜' 핸드폰을 계속 보는 거지?

아이 그냥 습관인 것 같아요.

엄마 늦게까지 핸드폰을 보는 습관을 고치지 않으면 일어나는 것은 계속 힘들 것 같은데?

아이 고치려고 하는데 잘 안 돼요.

이런 식으로 해결책을 바로 주지 않고 진짜 문제를 계속해서 생각할 기회를 주세요. 아이가 막연히 투정을 부리기보다 스스로 해결책을 찾아나갈 것입니다.

5달러 프로젝트에 도전하라

2014년에 방송된 드라마 '미생'에서 신입사원 장그래와 장백기는 오 차장에게 '10만 원으로 장사하기' 미션을 받습니다. 미생에서 장그래와 장백기는 무역상사 직원답게 10만 원으로 팔 수 있는 아이템을 찾습니다. 남대문에서 저렴한 양말과 속옷을 사서 아는 사람들에게 사달라고 해보지만, 별로 성과가 없습니다.

지인들이 외면하자 장그래와 장백기는 소위 말하는 멘붕 상태가 됩니다. 지하철에서 동정심에 호소하며 판매해보기도 하지만 이마저 뜻대로 되지 않습니다. 무엇이 문제일까요? 장그래와 장백기의 예측에 따르면, 양말과 속옷은 사람들에게 늘 필요한 물건이고, 주어진 10만 원 안에서 장사해볼 수 있는 아이템입니다. 원작 만화가 나온 시기를 고려하면, 이 에피소드는 지금으로부터

10년 전에 나온 이야기입니다. 그런데 사람들의 아이디어는 아직도 비슷한 수준에 머무르는 것 같습니다.

스탠퍼드 창업교육에도 '미생'의 미션과 비슷한 '5달러 프로젝트'가 있습니다. 14개 팀에게 5달러씩 나누어주고, 아이디어를 짜는 데 얼마든지 시간을 들여도 좋다고 말합니다. 대신 돈이 담긴 봉투를 열고 2시간 내에 최대한의 수익을 내야 합니다. 그리고 수행한 프로젝트의 결과는 그다음 주 월요일 수업 시간에 3분씩 발표해야 합니다.

스탠퍼드 학생들은 고작 5,000원 남짓한 돈으로 무엇을 했을까요? 뛰어난 학생들은 주어진 5달러에 집중하지 않았습니다. 어떤 팀은 식당을 대신 예약해주면서 600달러 이상을 벌어들였고, 학교 앞에서 자전거 공기압을 체크해주면서 400달러를 번 팀도 있었습니다. 전체 14개 팀의 평균 수익률은 무려 4,000%에 달했습니다.

이 프로젝트에서 우승한 팀은 프로젝트의 결과를 발표하는 순간조차 기회로 보았습니다. 그들은 스탠퍼드 졸업생들을 채용하고 싶어 하는 기업을 찾아가서 광고 계약을 맺었습니다. 그리고 그 기업의 광고를 만들어 프리젠테이션 당일에 5분간 스탠퍼드 학생들을 향해 광고 영상을 틀었습니다. 광고 제작과 스탠퍼드대 홍보비로 1,100달러를 벌들인 팀은 당당히 1등을 차지했습니다.

이 프로젝트가 《스무살에 알았더라면 좋았을 것들》이라는 티나 실리그의 저서에서 소개된 이후, 한국에서도 한동안 똑같은 프로젝트가 성행했습니다. 고용노동부 주관으로 큰 행사가 열리기도 했고, 다른 교육과정에서도 비슷한 미션을 수행하는 것이 마치 유행처럼 번졌습니다. 저는 그 프로젝트들에 심사위원으로 참석했고, 아이들이 얼마나 참신한 아이디어를 가져올까 기대했습니다. 그러나 큰 반향을 일으킨 성과는 없었습니다.

수익률 부분에서 10배 이상 나온 결과는 있었지만, 주로 컴퓨터 수리나 자취방 청소처럼 노동력을 제공하는 경우가 많았습니다. 또는 저렴한 물건을 제조해서 약간의 수익을 붙여 파는 경우도 많이 보았습니다. 다들 주어진 금액 안에서 해결할 수 있는 아이템을 팔거나 자신의 노동력을 제공하는 데서 크게 벗어나지 못했습니다.

이 프로젝트를 기획한 어떤 곳은 학생들의 창의력이 생각만큼 발휘되지 않자 종자돈을 2만 원으로 올리기도 했습니다. 그렇다고 해서 더 좋은 아이디어가 나오진 않았습니다. 국가적 차원에서 이런 일들을 야심차게 기획했는데, 기대에 못 미치는 결과가 나오면 다들 이렇게 생각합니다. 스탠퍼드 학생들은 역시 훌륭하고, 우리나라에서는 창의적 사고를 하기가 어렵다고 단정 짓게 됩니다.

저는 종자돈을 2배로 올리는 기관을 보면서 이 프로젝트의 본질에 대해 얼마나 무지한지 깨닫게 됐습니다. 우리나라는 서양과 성장과정과 교육과정이 다르기 때문에 어느 정도 미국과 차별화되어야 합니다. 저도 처음에 미국의 프로그램을 그대로 따라 했다가 결과가 처참했던 적이 있습니다. 우리나라 학생들의 사고 흐름을 먼저 이해하고, 그들에게 어느 정도 가이드라인을 제시해주어야 합니다. 그렇게 한 번 시도해보고, 안 되면 다시 해보게 했을 때 좋은 결과가 나오더라는 것이 제가 찾은 방법입니다.

우리가 스탠퍼드를 따라 하기 힘들다고 절망하기 전에 스탠퍼드 학생들이 놀라운 결과를 만들어낸 과정부터 살펴봅시다. 그들은 주어진 5달러를 아무도 사용하지 않았습니다. 즉, 이들은 문제인식 단계에서 5달러를 아예 생각하지 않았습니다. 만약 장그래에게 10만 원을 주지 않고 1만 원만 주었으면, 애초에 '물건을 판다.'는 패러다임에 사로잡히지도 않았을 것입니다. 10만 원이라는 꽤나 어중간한 금액이 장그래를 더 혼란스럽게 만들었습니다. 스탠퍼드 학생들은 아무것도 없는 상태에서 돈을 버는 방법을 생각했습니다. 즉, 문제를 인식하는 단계부터 매우 다른 태도로 시작한 것입니다.

티나 실리그는 뛰어난 학생일수록 관찰력과 창의력을 최대한 발휘해 문제를 찾아내고, 문제해결에 집중했다고 설명합니다. 그렇습니다. 창업은 원칙적으로 고객의 문제를 해결해주는 일입니다. 더 중요한 것은 이 학생들이 현장으로 뛰어나간 용기입니다. 그리고 '관찰'한 사람들의 문제를 '공감'하는 것, 이것이 가장 큰 능력입니다.

미국에서는 학생들이 자신의 문제나, 주변 사람들의 문제, 주변에서 본 적은 있지만 해결되지 않았던 문제를 파악해서 기회를 잘 잡는 편인 것 같습니다. 그러나 한국에서는 잘 통용되는 방법이 아닙니다. 우리나라 학생들이 이런 것을 해결해본 경험이 거의 없기 때문입니다. 집에서 집안일을 해본 적이 없고, 어디에서건 무언가를 해본 경험이 거의 없습니다.

학교에서는 일부 임원직이 존재하지만, 그 역할도 일부 학생만 경험할 수 있는 일이라 안타깝습니다. 한국은 살기에 너무 편한 나라인 것도 문제가 됩니다. 생활에서 크게 불편함을 느끼지 못한다는 것이 대다수 학생들의 반응입니다.

대중교통으로 여기저기 다닐 수 있고, 고장 난 물건은 AS 센터에 전화하면 친절하게 수리받을 수 있고, 배고프면 배달음식을 시켜먹으면 되고, 궁금한 것은 인터넷으로 빠르게 검색하고, 온라인 쇼핑몰에서 필요한 것을 주문하면 당일배송을 받아볼 수 있고, 심심하면 무료로 제공되는 스마트폰 게임이나 웹툰을 보면 됩니다. 한국 학생들은 이어폰을 끼고 스마트폰만 보면서 학교, 학원, 집을 오갑니다. 길에서 보는 것도 별로 없습니다. 이런 환경에서 아이디어가 떠오를 리 만무합니다.

스탠퍼드 학생들 중에는 자전거에 공기압을 넣어주는 사업을 벌이다가 1시간이 지난 뒤부터 돈을 받지 않는 대신 기부를 요청했다고 합니다. 그러자 훨씬 많은 돈이 들어오기 시작했습니다. 무료 서비스에 대한 감사의 마음이 더 많은 자발적 보상으로 돌아온 것입니다.

이 사례만 봐도 우리나라에는 어지간한 곳에 공기압 기계가 있습니다. 자전거 대리점에 가면 무료로 이용할 수 있어서 사실 이 사업을 했어도 별로 반응이 없었을 거라는 것도 충분히 짐작이 됩니다. 이런 상황을 복합적으로 이해하고 한국에 적용할 때는 미국에서보다 더 단계적으로 의식 수준을 끌어올려야 합니다. 그리고 이런 것이 가능하도록 계속 시도해야 합니다.

제로베이스 창업, 즉 자본 없이 창업이 가능하다는 생각이 매력적인 이유는 '나도 해볼 수 있다.'는 희망을 가지게 하기 때문입니다. 아이들은 커갈수록 부모가 돈이 없는 것을 원망하기가 쉽습니다. 자본 없이도 창업할 수 있고, 어려움은 스스로 해결해가는 것이라고 미리 알려줘야 아이가 부모를 원망하는 데서 벗어나 세상 밖으로 훨훨 날아오를 수 있습니다.

4장

글로벌 기업이 원하는 창업형 인재로 키우는 법

구글의 사고방식은 새로운 시대의 성공 법칙입니다.

이런 구글의 사고방식은 어디에서 비롯되었을까요?

《구글노믹스》의 저자 제프 자비스는 말합니다.

"새로운 구글을 만드는 데 필요한 기업가정신을 배우려면

스탠퍼드로 가면 된다."

실무 경험은 비용을 들여서라도 쌓게 하라

'SKY 캐슬'이라는 드라마가 화제입니다. 대한민국 상위 0.1%의 재력과 명예를 가진 부모들이 제 자식을 스카이에 보내려는 욕망을 처절하게 그리고 있습니다. 지금까지는 부모가 온갖 노력을 쏟으면 아이가 입시라는 관문을 통과할 수 있었습니다. 자기주도 학습이든 사교육이든 이것은 개인의 선택과 능력 안에서 해결됐습니다. 하지만 4차 산업혁명 시대에도 유효할까요?

뜻밖에도 학교 교육이 점점 더 중요해지고 있습니다. 학교는 거의 유일하게 공동사고가 가능한 현장이기 때문입니다. 이런 변화는 우리가 그동안 알고 있던 자녀교육의 성공 공식을 깨뜨립니다. 기술 혁신에 의한 4차 산업혁명 시대에는 개개인이 회사나 사회처럼 스스로 시스템을 갖추어야 살아남을 수 있습니다.

원하든 원하지 않든 우리의 삶은 투명해지고 있습니다. 일부 권력자들의 추악한 모습이 언론에 노출되면서 대중의 심판을 받는 일이 종종 있습니다. 이런 시대에 생존하기 위해 1, 2개의 전문 기술에만 몰입하는 것은 최선의 선택이 아닙니다. 부모들은 이런 환경을 이해하고, 아이가 올바른 인성을 기를 수 있도록 삶에 시스템을 만들어주어야 합니다. 이것은 오랫동안 꾸준하게 해야 하는 작업이기에 아이가 대부분의 시간을 보내는 학교를 잘 이용해야 합니다.

사회와 학교는 이미 변화하기 시작했습니다. 단지 서서히 바뀌고 있어서 사람들이 인지하지 못하고 있을 뿐입니다. 이 흐름을 타고 학부모들이 나서서 학교를 바꿔야 합니다. 미래 역량이 탄탄한 아이로 키우려면 학교라는 진로교육 기관을 적극 이용해야 합니다. 먼저 가정에서부터 아이가 공동체적인 삶의 태도를 갖추도록 가르쳐야 합니다. 그러려면 어떻게 해야 할까요?

제목에서 "실무 경험은 비용을 들여서라도 쌓게 하라."고 했습니다. 요즘 취업은 '올드 루키old rookie'로 요약됩니다. 작살형 채용이라고도 합니다. 과거에는 그물망으로 신입사원을 대거 뽑아서 걸러냈다면, 지금은 필요한 직무 경험이 있는 학생들만 작살을 꽂듯이 콕 집어서 뽑습니다. 올드 루키라는 말도 신입은 신입인데, 경력자처럼 바로 일할 수 있는 신입사원을 의미합니다. 드라마 '미생'에서 배우 강소라 씨가 맡았던 안영이 캐릭터가 바로 올드 루키의 대표적인 모습입니다. 신입사원이지만, 거의 대리급 역량을 보여줍니다.

기업의 이런 요구는 현재 대학생들에게 가장 어려운 점으로 꼽히고 있습니다. 진짜 신입은 어디서 경험을 쌓아야 하느냐는 불만이 터질 수밖에 없습니다. 그래서 대학들은 학생들이 학업을 하면서 회사 실무를 경험할 수 있는 방법을 마련하는 데 열을 올리고 있습니다. 이에 따라 대학과 기업이 같이 연구하고 실험하는 산학협력 프로그램의 수요가 점점 늘어나고 있습니다.

실전 경험을 쌓는 또 다른 방법 중 하나가 창업입니다. 직접 회사를 꾸려보면 경영을 가장 효과적으로 이해할 수 있습니다. 창업 동아리에서 활동하면서 친구들과 함께 경험해도 좋습니다. 그리고 이런 활동은 부모님이 적극 지지해줘야 합니다.

한 번은 회사 경험의 유무가 어떤 차이를 낳는지 깨달은 일이 있었습니다. 성균관대에서 스탠퍼드 대학원 입학설명회가 있다는 소식에 마침 귀국한 큰애와 같이 참석했습니다. 한국에 처음 와본다는 스탠퍼드 대학원 입학담당자는 입학 과정에 관한 정보라면 홈페이지에 나와 있으니, 평소 궁금했던 것 위주로 질문하라고 했습니다. 하지만 질의응답 시간에 나온 질문들은 대부분 언제까지 서류를 접수해야 하는지, 에세이 내용은 어떤 주제가 좋은지, 준비 기간을 얼마나 잡아야 하는지에 대한 것들이었습니다. 큰애는 평소 스탠퍼드 대학에 관심이 많아서 질문하고 싶은 게 많았지만, 자기가 다니는 대학이 아니라서 다른 학생들에게 기회를 준다고 차례를 기다리고 있었습니다.

오랜 기다림 끝에 아이가 인상적인 첫인사로 말문을 열었습니다. 보통은 "질문해도 될까요?Can I have a question?" 혹은 "질문이 있습니다I have a question."라는 말로 시작하는데, 큰애는 자기소개부터 했습니다. "저는 김가은이라고 하고요. 가은은 영어 스펠링으로 k, a, e, u, n이라고 합니다. 저는 이 학교 학생은 아닌데요."라고 하는데, 다른 학생들과 달라서 사뭇 흥미로웠습니다.

그 자리에는 다른 외국 학생들도 많이 있었는데, 큰애는 그들과 대화하는 방법이 완전히 달랐습니다. 그 차이가 무엇일까 생각해보았더니 회사 경험 덕분이었습니다. 큰애가 다니는 워털루 대학은 산학협력 시스템co-op이 유명합니다. 저도 그 대학의 산학협력 프로그램 때문에 워털루 대학을 선택했습니다. 4개월간 학교에서 공부하고, 4개월간 방학 없이 회사에서 인턴 과정을 지냅니다. 그런데 그 과정을 이수하기가 매우 까다롭고 어렵습니다. 수백 군데의 회사에 지원서를 내고 수십 번의 인터뷰를 거쳐야 하는데, 1학년은 채용이 잘 안 돼서 부모님이 다니는 회사나 학교 프로그램으로 대체할 정도입니다.

다행히 우리 아이는 2번의 인턴과정을 무사히 마쳤습니다. 그 과정 덕분인지 확실히 비즈니스적으로 대화하는 것에 익숙해 보였습니다. 그 자리는 대학원 설명회인 만큼 석사나 박사 과정 학생들이 많았으니, 나이를 따지면 제 아이가 매우 어린 편에 속했을 것입니다. 그런데도 회사 생활을 8개월 정도 해봤다고, 학교에서 공부만 한 사람과 차이가 컸습니다.

입학담당자는 열성적으로 대답해주었고, 워털루 대학에 큰 흥미를 보였습니다. 그가 말하길 지금 학생들에게 가장 필요한 것은 비즈니스 경험이라고 했습니다. 그 후로 입학담당자는 큰애와 긴 대화를 나누더니, 큰애의 이름을 직접 언급하면서 지원서를 기다리고 있겠다는 말과 함께 아이에게 매우 공식적인 감사 인사를 전했습니다.

사회 초년생들에게 처음 시작하는 회사 생활은 두려움입니다. 그래서 우리는 자녀들에게 가능한 한 많은 지식이나 권한을 가지고 사회생활을 할 수 있도록 준비시키고 있습니다. 하지만 이제는 실무 경험을 같이 익혀야 합니다. 이론을 배우는 것과 그 이론이 사회에서 어떻게 쓰이는지 아는 것은 완전히 다른 문제입니다. 이 경험이 있는 학생들은 공부만 해온 학생들과 비교했을 때 졸업 직후에 연봉 차이가 꽤 크다는 조사결과도 있습니다.

실제로 워털루 대학 졸업생들의 평균 연봉은 억대가 넘습니다. 주로 애플이나 구글, IBM, 테슬라 같은 유수의 기업들에 입사하고, 북미에서 가장 채용하고 싶은 인재로 꼽힌다고 합니다. 그 이유는 전문기술이나 지식의 차이라기보다 경험에 따른 비즈니스의 수준 차이라고 생각합니다.

큰애는 전공이 기계공학이라 애플은 갈 수 있어도 구글에서 일하기는 어렵다고 합니다. 자기 과에서 구글에 가는 사람이 1명 정도인데, 제가 보기에 그 1명이 아시아인이면서 여자아이인 우리 애가 될 확률은 낮아 보입니다. 그러나 아이는 구글에 반드시 입사하겠다는 의지가 확고합니다. 첫 번째 인턴 과정에서도 회사로부터 아주 드문 경우라는 정직원 제의를 받았고, 보통 3학년 때나 일할 수 있다는 토요타에 1학년 중에서 드물게 선발되어 열심히 일하고 있습니다. 세 번째 산학협력은 실리콘밸리에 가겠다고 결심을 단단히 하고 있습니다.

과거의 저는 아이가 목표를 세우고, 실패하면 방황할까 봐 걱정했습니다. 그런데 이제는 이런 부분에서 많이 자유로워졌습니다. 실패하더라도 아이가 배우는 과정이라는 것을 알게 됐고, 아이가 도전하는 것 자체가 기업가정신을 키우는 일이라는 것을 이해하고 있으니까요. 엄마와 아이가 실패하고 도전하는 과정을 함께 즐기게 된 것입니다.

아이를 키워본 사람은 동의하실 것입니다. 아이가 어느 정도 철이 들고 나면 꿈을 크게 가지라고 독려하는 일이 어렵다는 것을요. 그리고 아이들은 꿈이 크면 클수록 꿈을 이루는 과정이 고생스럽다는 것을 점점 깨닫게 됩니다. 큰 꿈을 말했다가 실패하면 사람들이 자신을 무능하다고 생각할까 봐 일부러 꿈이 없다고 말하는 학생도 있습니다.

아이가 꿈을 크게 가질 수 있도록 사회 경험을 쌓을 수 있는 곳에서 적극적으로 경험하게 해야 합니다. 그것이 학교를 다니면서 우리 아이가 준비할 수 있는 최고의 스펙입니다. 아이가 학교에서 무엇을 배우고 왔는지 늘 궁금하시죠? 혹시 아이가 남보다 우월하다는 생각에 빠져 타인과 어울리는 것을 힘들어한다면, 미래 사회에서 입지는 점점 작아질 것입니다. 그렇다면 미래에는 어떤 인재상이 유망할까요? 배우려는 태도와 의지가 있는 사람입니다. 그런데 기술 혁신은 배움에의 의지를 점점 약해지게 만듭니다. 파파고와 구글 번역기가 나오면서 외국어 학습에 대한 동기가 약화된 것만 봐도 그렇습니다.

어떻게 해야 배우려는 의지와 태도를 만들어줄 수 있을까요? '미래가 밝다.'는 긍정적인 마인드와 스스로 원하는 것을 만들어낼 수 있다는 성취감을 길러주면 됩니다. 이 목적으로 만들어진 것이 창업교육입니다. 스탠퍼드식 창업교육은 우리가 알던 교육과 완전히 다른 접근 방식으로 학생들의 잠재력을 일깨우고 있습니다. 우리는 아이가 학교라는 공간에서 스탠퍼드식 창업교육을 배울 수 있도록 적극적으로 나서야 합니다.

글로벌 기업의 원칙을 자녀교육 과정에 적용하라

그리스의 수학자 아르키메데스는 크기가 맞는 지렛대와 지렛목만 있으면 지구를 움직일 수 있다고 장담했고, 저는 훌륭한 팀원을 만날 수 있다면 제2의 구글을 만드는 것이 가능한 일이라고 말합니다. 글로벌 기업들이 중요하게 여기는 가치들을 살펴보면 저의 주장과 어느 정도 일치합니다. '아이디어'와 '아이디어를 실행하기 위한 조직문화'가 앞으로 무엇보다 중요한 자산이 될 것입니다.

만약 당신이 창업을 한다면 아이디어와 팀원 중에서 어느 쪽에 더 무게를 둘 것인가요? 우리나라 사람들은 주로 아이템이 더 중요하다고 했습니다. 즉, 아이디어에 무게를 조금 더 싣는 편입니다. 하지만 스탠퍼드는 팀의 역량에 더 큰 비중을 두는 편입니다.

티나 실리그 교수에 따르면 브레인스토밍에서 가장 중요시하는 것이 팀원의 다양성이고, 그런 브레인스토밍에 초대받는 것은 매우 영광스러운 일이라고 평가합니다. 제대로 된 브레인스토밍은 누구와 함께하느냐에 따라 그 결과가 매우 달라질 수 있기 때문입니다.

그 어떤 전문가도 미래를 예측할 수 없는 시대입니다. 그래서 1명의 천재보다 모두의 시행착오가 낫다는 말이 나오기도 합니다. 하지만 모두의 시행착오 역시 쉽게 얻을 수 있는 결과가 아닙니다. 일단 2명 이상이 한 팀을 꾸리면 팀 내에서 나오는 다양한 의견을 정리하는 것부터 어렵습니다. 보통 1명이 리드하고, 남은 1명이 따라가는 양상을 보입니다. 이것은 제대로 된 브레인스토밍이 아닙니다.

현재 IT 산업을 리드하고 있는 혁신 기업들을 조사해본 결과, 거대 조직임에도 불구하고 스탠퍼드의 2가지 원칙을 그대로 실행하고 있다는 것을 알게 되었습니다. 전체 인원이 10명 정도 되는 회사라면 이 원칙을 지키는 것은 쉽습니다. 하지만 직원이 몇 만 명에 이르는 구글 정도의 규모를 가진 회사가 스탠퍼드 창업교육의 원칙을 지키는 일은 불가능에 가깝습니다.

아이들이 어렸을 때의 일입니다. 오랜만에 귀국해서 아이들과 찜질방에 갔는데, 처음 보는 영화가 신기하게도 낯익었습니다. 아이들을 돌보느라 평소에 영화를 볼 여유가 없었는데, 처음 보는 영화인데도 다 본 것처럼 다음 내용이 선명하게 그려졌습니다. 월스미스가 열연하는 영화 '아이 로봇'이었습니다. 로봇 제3원칙이라든가 세부적인 세계관을 알고 있었던 것은 나중에야 그것이 아이작 아시모프의 SF 소설을 영화화한 것을 알고 나서였습니다. 제가 아시모프의 소설을 읽은 게 고등학생 때니까, 머릿속 어딘가에 넣어놓고 완전히 잊고 있다가 영화를 보면서 기억 난 것입니다.

거대 IT 기업이 혁신을 일으키는 과정은 이런 것과 같습니다. 거대 IT 기업들은 혁신적인 기업을 창업하고 운영하는 법을 원래 알고 있었던 것처럼 행동하지만, 실제로는 그들 역시 정해진 규칙과 원리에 따라 충실하게 운영하고 있었습니다. 그래서 자녀가 글로벌 인재가 되길 원한다면, 이런 기업의 원칙들을 부모들이 먼저 알고 있어야 합니다. 제가 혁신 기업들의 기업 문화를 정리한 것은 다음과 같습니다.

최고의 인재를 영입합니다

무일푼에서 시작한 스타트업은 사람으로 시작해서 사람으로 끝난다는 것을 절대 원칙으로 합니다. 즉, 이들은 사람의 힘을 누구보다 잘 알고 있습니다. 구글은 채용과정이 1년 정도 걸리는 것으로 유명합니다. 이것은 채용 시스템에만 국한되는 것이 아니고, 회사 전반에서 운용되는 원칙입니다. 때로는 직원을 정리할 때도 이 원칙을 적용하는데, 혁신 기업들은 이 과정을 한 팀원이 다른 팀원에게 인재를 공급하는 과정이라고 인식해서 거부감 없는 이직 문화를 만들어냈습니다.

똑똑한 사람들이 모인 작은 집단을 유지합니다

스마트한 조직을 운영하는 방법입니다. 조직이 아무리 거대해져도 혁신 기업들은 이 원칙을 유지합니다. 애플은 전 세계의 임원 수를 100명으로 한정하고, 그 외의 회사들도 피자 1판의 원칙을 지켜서 한 팀을 8명 정도의 인원으로 운영하는 것을 원칙으로 합니다.

팀원 전체가 같이 문제를 해결합니다

CEO의 의견보다 다수의 문제해결 능력을 더 인정합니다. 카리스마로 유명한 아마존 CEO 제프 베조스조차도 문제를 맞닥뜨렸을 때 자기 자신보다 팀원의 의견을 더 인정하는 것으로 유명합니다.

복잡한 절차를 없애고 단순화합니다

회사 규모가 커지면 보통 직원을 관리하는 시스템을 도입합니다. 혁신 기업들은 이런 과정을 불필요하게 생각합니다. 초창기 문화가 유지되는 것을 최우선 과제로 삼고 복잡한 절차를 없애 과감한 도전을 이루어내고 있습니다.

고객 중심으로 사고합니다

디스쿨의 디자인씽킹 원리를 적용합니다. 디자이너의 자세로 시장을 바라보고 공동사고로 해결책을 구상한 뒤, 과감하게 실행합니다.

파워포인트를 이용해 회의하지 않습니다

파워포인트 슬라이드는 소수가 다수에게 설명할 때 매우 편리한 수단입니다. 혁신 기업에서는 이 방식으로 회의를 진행하는 것을 꺼립니다. 이보다 다른 2가지 방식을 선호합니다. 아마존은 A4 용지 2장에 스토리텔링으로 구성해서 설명하는 것을 좋아하고, 그 외 기업들은 시제품을 가지고 회의하는 것을 특징으로 합니다. 이는 한 사람이 일방적으로 말하면 아이디어가 나오기 힘들기 때문에 여러 사람의 의견이 더 많이 나오게 할 수 있는 방법입니다.

인재를 사람으로 존중합니다

기존의 비즈니스 스쿨에서 가장 선호하는 인재관리 방법은 '인센티브'라고 하는 성과급을 보상으로 주는 것이었습니다. 반면 혁신 기업들은 인재를 관리의 대상으로 보지 않고 최대한 자율성을 주어서 인간으로 존중하는 방식을 선택했습니다. 출근시각, 휴가, 성과 방법까지 개인이 스스로 정하게 해 다른 대기업에서 보여주지 않는 성과를 이루어냈습니다.

실패에 관대합니다

아마존은 혁신 기업 중에서 가장 혹독한 조직문화를 가졌다고 평가받습니다. 그러나 직원들의 도전에는 아낌없이 지원합니다. 아마존 CEO는 직원들에게 '실패해도 괜찮아.'라는 메시지를 전하지 못하면 혁신은 절대 나오지 않는다고 말했습니다.

놀랍게도 혁신 IT 기업들은 대기업임에도 불구하고 회사 조직을 거의 대학교 수업처럼 유지하는 데 성공했습니다. 하지만 이보다 더 놀라운 것은 스탠퍼드에서 배운 것들을 사업에서 계속해서 실천하려고 한 의지입니다. 어찌 보면 비효율적이고 바보 같은 선택입니다. 학비를 내고 가르침을 구하는 대학과 급여를 내주는 회사에서 같은 퍼포먼스를 한다는 것은 큰 모순입니다. 넷플릭스는 휴가 일수를 직원들에게 완전히 자율적으로 맡김으로써 또 다른 의미의 조직 혁신을 이루었습니다. 이런 자율성은 대학과 비슷합니다.

지금 우리가 자녀에게 기대하는 것들은 이런 원칙에 잘 부합하고 있나요? 우리의 가르침이 시대에 뒤떨어진 것은 아닌지 한 번쯤 되돌아 봐야 합니다. 물론 이 모든 것들은 미국에서 더욱 유효하거나, 대학을 졸업한 후 취업을 준비하는 학생들에게 더 필요할 수 있습니다. 하지만 공부만 잘하는 엘리트로 자라서는 평생 이 원칙을 깨닫지 못하기도 합니다. 성장기 자녀들에게 어떤 교육을 시킬지 진지하게 고민해봐야 합니다.

최고의 팀원과 함께 일할 자격이 있는지 확인하라

남극점을 최초로 탐험한 영웅인 노르웨이 탐험가 로알 아문센을 아시나요? 1911년 비슷한 시기에 아문센과 같이 경쟁한 로버트 스콧은 1달 뒤에 남극점에 도달했습니다. 그런데 남극점 탐험과 관련해서 서구에서 가장 존경받는 리더는 아문센도 아니고, 스콧도 아니고 어니스트 섀클턴이라는 사람입니다. 특히 섀클턴은 남극점 탐험에 3번이나 실패한 사람인데, 늘 스콧보다 훌륭한 영웅이라는 평가를 받습니다. 왜일까요?

스콧의 대원은 전부 사망했지만, 섀클턴은 세 번째 남극 탐험에서 15개월 동안 낙오자 없이 27명의 대원을 모두 이끌었습니다. 이는 '위대한 실패'로 불리면서 가장 위대한 리더의 모범으로 추앙받습니다. 결국 목적과 결과만으로 과정이 평가될 수 없다는 것을 알 수 있습니다.

창업교육을 하다 보면 "돈이 최고!"라고 말하는 학생들이 의외로 많습니다. 창업 프로그램을 할 때 다른 팀의 자원을 훔치거나 빼앗고, 조금이라도 더 얻기 위해 거짓말하는 학생들을 많이 보았습니다. 그래서 프로그램의 마지막에 돈과 생명의 의미를 되새기게 하는 활동을 넣기도 하고, 학생들의 태도에 점수를 매겨서 이런 일들을 미연에 방지해보기도 합니다. 잘못된 생각에는 사회적 책임도 따른다는 것을 알려주고 싶어서입니다.

앞서 스탠퍼드는 아이템보다 팀의 역량을 중시한다고 했습니다. 이 메시지를 가장 잘 지켜내고 있는 혁신 IT 기업은 미국의 넷플릭스입니다. 넷플릭스는 영상 콘텐츠를 온라인으로 스트리밍 서비스하는 기업으로, 전체 직원 수가 5,400명(2017년 기준)인 대기업입니다. 그럼에도 넷플릭스가 표방하는 조직문화는 탁월한 팀워크와 혁신적인 문제해결력입니다.

54명도 팀워크를 다지기가 어려운데, 5,400명의 팀워크를 회사의 최우선순위로 한다니 대단합니다. 스타트업이 가장 어려워하는 일이 회사의 규모가 커지면서 발생하는 직원관리 문제입니다. 2, 3명이서 시작한 스타트업이 10~20명이 넘어가면 조직을 관리하기 위해 전문적인 관리법을 도입하기 마련입니다. 그런데 넷플릭스는 기존의 다른 회사들이 해온 경영법을 버리고 완전히 새로운 방법을 도입했습니다. 마치 스타트업과 같은 조직문화를 유지하기로 한 것입니다. 넷플릭스가 이런 선택을 한 이유는 그들의 비즈니스 아이템이 처한 특수성 때문인 것 같습니다.

넷플릭스는 사양 산업 1순위였던 비디오 대여점 사업과 밀접한 관련이 있습니다. 비디오 대여 산업과 경쟁해서 DVD를 우편으로 배달하면서 시작된 이들의 사업은 스트리밍 사업을 거쳐 이제는 미디어 사업으로 넘어왔습니다. 넷플릭스가 대단한 것은 위기 때마다 잘 대처해서 살아남은 능력 있는 기업이기도 하지만, 아이템마다 리스크가 큰 사업을 벌인 무모한 결정을 해온 회사였기 때문입니다.

넷플릭스가 무모한 사업을 벌이면서도 놀랄 만한 성과를 낼 수 있었던 힘은 문제해결력이 뛰어난 팀워크 덕분입니다. 그렇기 때문에 넷플릭스는 이 조직문화를 지켜나가기 위해 막대한 노력을 하는 것입니다. 어린 아이가 작은 자전거를 타는 것은 쉬운 일이지만, 덩치 큰 어른이 작은 자전거를 타려면 노력을 많이 해야 합니다. 그리고 과연 덩치 큰 어른이 작은 자전거를 타기 위해 노력하는 것을 사람들이 얼마나 지지해줄까요? 그럼에도 넷플릭스는 작은 자전거를 타기로 결정했습니다.

그래서 넷플릭스는 직원관리를 위해 정교하고 새로운 시스템을 개발하는 대신 복잡한 정책과 절차를 과감하게 제거했습니다. 그리고 회사가 직면한 위기를 직원 모두가 정확히 이해할 수 있도록 극도로 솔직한 정책을 펼쳤습니다. 보통 회사의 문제는 관리자 일부만 공유하고, 대다수 직원은 알지 못합니다. 하지만 넷플릭스는 회사가 직면한 어려움을 전사적으로 완전히 공유하고, 이 문제를 해결하기 위한 방법도 공유했습니다. 회사의 이런 방침은 직원들의 신뢰를 얻어냈고, 직원들이 스스로 문제를 대비하고 해결할 수 있도록 준비하게 했습니다.

그렇다고 넷플릭스가 꿈의 직장을 만든 것은 절대 아닙니다. 오히려 넷플릭스는 다른 스타트업과 다르게 직원들을 대했습니다. 넷플릭스는 개개인의 역량을 매우 중요시해서 해당 팀원의 역량이 업무에 미치는 영향력에 매우 민감합니다.

보통 우리가 아는 회사 조직은 한 개인의 역량이 엄청 뛰어나지 않아도 시스템으로 커버하는 경우가 많습니다. 하지만 넷플릭스에서는 불가능합니다. 사실 직원 입장에서는 무서운 일입니다. 개인의 역량이 회사의 업무와 성과에 미치지 못할 경우 즉각적인 조치가 취해진다면, 사람들은 그 회사에 들어가기를 기피할 것입니다. 하지만 넷플릭스는 인재관리에 대해 다음의 3가지 기본 철학을 고수합니다.

- 훌륭한 사람을 채용하고 누구를 내보낼지를 결정하는 것은 관리자의 몫이다.
- 모든 직무에 그저 적당한 사람이 아니라, '매우 적합한 사람'을 채용하려고 노력한다.
- 훌륭한 직원이라도 그의 기술이 회사에 필요 없다면 기꺼이 작별인사를 한다.

넷플릭스의 이런 인재관리 시스템이 가혹하게 들리나요? 아직까지 이런 철학에 대한 원망은 들리지 않습니다. 우리에게는 잘 이해되지 않을 수 있는 일이기에 조금만 더 설명해보겠습니다. 스탠퍼드의 디스쿨과 우리나라 대학의 차이가 가장 분명하게 드러나는 것 중 하나가 바로 조별 과제입니다.

어느 나라에서나 대학 수준에서 학생들이 가장 스트레스 받는 것이 조별 과제인데, 특히 우리나라에는 '무임승차'라는 별칭이 붙을 정도로 노력 없이 학점을 얻으려는 얌체들이 많습니다. 인기 웹툰 '치즈인더트랩'에서 학생들의 조별 과제 스트레스가 얼마나 극심한지 잘 표현돼서 많은 사람의 공감을 일으켰습니다. 조별 과제, 즉 팀 활동에서 가장 힘든 부분은 이런 것이 아닐까요?

능력 없는 사람들과 같이 일하는 것이 가장 힘듭니다. 거꾸로 생각하면 능력이 탁월한 사람들, 가령 스티브 잡스나 일론 머스크 같은 사람들과 함께 일할 수만 있다면 어떤 악조건이라도 악착같이 함께하려고 할 것입니다. 스탠퍼드의 디스쿨 교육 과정이 우수한 팀원을 강조하는 것도 이 때문입니다(디스쿨을 수강하려면 스탠퍼드 학생들은 통상 에세이와 면접을 통해 4대1의 경쟁을 뚫어야 합니다). 뛰어난 학생들과 연구원, 교수님들과 함께 같이 작업했다는 사실만으로 개인에게 의미 있는 경험이 되니까요.

그렇다면 우수한 팀원은 어떤 기준으로 평가될까요? 회사에서 직원의 가치는 곧 동료의 평가로 결정됩니다. 넷플릭스는 회사 철학을 이렇게 말합니다. "우리는 가족이 아니고 프로다. 우리는 프로 구단이지, 어린이 스포츠단이 아니다. 고용과 성장, 해고를 현명하게 수행함으로써 모든 직위에 스타급 플레이어를 앉혀놓을 수 있다."

이들의 철학이 가혹하게만 들리지 않는 이유를 이제 공감할 수 있습니다. 나보다 일을 안 하는 관리자가 더 많은 보상을 받을 때, 그것을 모두가 침묵해야 불이익을 받지 않을 때, 먼저 입사했다는 이유로 권익을 보장받을 때 우리는 우리에게 딱 기대되는 만큼만 일합니다. 하지만 모두가 제 몫을 하고, 서로 자극을 주고, 함께하면서 시너지를 창출하는 경험을 한다면 그곳은 일터가 아니라 삶의 의미를 경험하는 곳이 됩니다. 이런 곳에서는 정교한 사내 규범이나 규칙이 필요 없습니다. 그래서 넷플릭스는 정해진 근무시간이나 휴가 제도를 따로 두지 않고 있으며, 회사에 경비를 청구할 때도 영수증을 제출하지 않습니다.

넷플릭스는 모든 직원이 스스로 일을 만들어서 하고, 스스로 발전하고자 하는 의지가 있는 창업형 인재들의 놀이터입니다. 그리고 앞으로 이런 기업들은 점점 늘어날 수밖에 없습니다. 우리 아이들이 이런 환경에서 능력을 발휘할 수 있다면, 넷플릭스 같은 곳에서 모셔갈 것입니다. 글로벌 기업에서 스카우트하는 아이, 나아가 글로벌 기업을 만드는 아이…. 꿈만 같은 일들이 우리 아이에게도 일어날 수 있습니다.

위기에 처한 아마존을 다시 일으킨 조언

한 번은 서울산업진흥원이 주관하는 '아마존 셀러 창업캠프' 수업을 들었습니다. 부담스러울 정도로 고액이었는데, 글로벌 비즈니스에 관심이 많은 저는 과감히 고가의 수업료를 투자하기로 결심했습니다. 이틀 동안의 수업을 통해 알게 된 것은 '아마존이 참 대단한 기업이구나.'라는 것이었습니다. 과거 북미에서 살았던 저는 아마존이 바꿔놓은 일상생활에 크게 놀랐으니까요.

북미는 넓은 국토가 장점이자 단점입니다. 북미에서 산다는 것은 한국과 비교해서 무엇이든지 불편합니다. 특히 배송 시스템이 매우 취약합니다. 아시다시피 저는 운전을 잘 못하고 아이들이 어렸을 때라서 생필품을 쇼핑하는 일이 생존의 문제였습니다. 날씨가 고약한 날이면 목숨을 걸고 쇼핑했던 기억이 생생합니다. 그러니 '아마존 프라임'의 무료 배송이 고작 이틀밖에 안 걸린다는 것은 북미인의 삶을 완전히 바꾸었습니다.

아마존의 시장 파급력이 커진 데는 바로 고객 우선주의가 크게 작용했습니다. 미국은 한국에 비해 고객 우선주의에 대한 개념이 강하지 않았습니다. 한 번은 가구를 산 적이 있는데, 배송 예상 기간만 6개월이었습니다. 그마저도 배송 중에 분실돼서 돈으로 환불받아야 했습니다. 그 이후로는 직접 가져올 수 있는 이케아에서만 가구를 샀습니다.

최근에도 뉴욕에서 토론토로 가는 에어캐나다에서 잊지 못할 사건이 있었습니다. 토론토에서 하루만 체류하고 바로 뉴욕으로 돌아가야 했는데, 아무 이유 없이 비행기가 취소되었습니다. 뉴욕 라과디아 공항이었고, 다른 비행기들은 잘 뜨는데 에어캐나다만 취소된 것입니다. 공항에서 만난 한 미국인은 아무런 설명도 못 듣고 14시간 째 공항에서 대기 중이라고 불평했습니다. 한국이면 어땠을까 생각했습니다. 비행기가 시간을 맞추지 못해서 토론토 일정을 취소하고 숙소로 돌아왔습니다. 더 황당한 일은 그 후에 생겼습니다.

비행기 티켓 값을 환불받으려고 했더니, 에어캐나다는 저에게 비행기가 취소된 것을 증명하라고 하지 않겠어요?(전화가 연결되기까지 몇 시간이나 걸렸습니다). 그것을 제가 왜 증명해야 하는지, 어떻게 해야 하는 것인지도 몰랐습니다. 우여곡절 끝에 2달이 지나 겨우 환불받을 수 있었습니다. 북미에서 이런 최악의 경험들을 몇 번 하고, 저는 아직까지도 영어로 된 문서를 보는 것을 싫어합니다. 이런 나라에서 고객 우선을 내세우는 아마존이 제게는 얼마나 감사하고 신기한 일인지 모릅니다.

아마존의 CEO가 욕먹는 이유도 솔직히 이해가 갑니다. 그 정도의 단호함이 없었으면 이런 시스템을 갖추는 것이 불가능했을 것입니다. 세간의 평판이 어떻든 아마존은 실제로 북미 사람들의 삶을 풍족하게 하고 있습니다.

구글이 가장 일하고 싶은 일터 중에서 상위권이라면, 아마존은 가장 열악한 일터 중 하나로 꼽힙니다. 그런 아마존이 구글을 제치고 세계 1위의 부를 거머쥔 사실이 씁쓸하기도 합니다. 구글을 두고 신의 영역으로 들어선 기업이라고 하는데, 아마존은 인간의 삶을 완전히 바꾼 기업입니다. 아마존은 다른 거대 IT 기업과 다른 몇 가지 특징이 있습니다.

실리콘밸리에서는 드물게 1인 창업자 입니다. 다른 혁신 IT 기업들은 보통 공동창업자지만, 아마존은 특이하게 단독창업자입니다. 그리고 다른 거대 기업들은 직원들의 복지 혜택에 힘을 쏟지만 아마존은 그런 배려를 전혀 하지 않습니다. 가장 늦게까지 일하고 가장 낮은 연봉을 받는 회사로 알려져 있습니다. 보통 혁신 IT 기업의 퇴사자들은 출신 기업에 대해 좋게 평가하는데, 아마존의 퇴사자들은 CEO인 제프 베조스의 잔혹함을 토로합니다.

하지만, 이런 점이 아마존을 매우 경계하고 주의해야 할 기업으로 봐야 한다고 생각합니다. 왜냐하면, 아마존은 스탠퍼드 교육의 도움을 받고 크게 성장한 기업이거든요. 2001년, 아마존이 휘청거리던 시기가 있었습니다. 창업 이후 7년간 매출은 늘었지만 그만큼 손실도 급증했고, 월가 분석가들은 "1년 안에 망할 것"이라고 경고했습니다. 이때 제프 베조스는 스탠퍼드 경영대학원 교수인 짐 콜린스에게 자문을 구합니다. 콜린스 교수는 조직 전체가 일관된 목표를 가지고 우직하게 밀어붙이면 스스로 굴러가게 될 것이라고 말합니다. 이것이 바로 '플라이 휠 효과'입니다.

감명받은 제프 베조스는 그 자리에서 냅킨에 아마존의 플라이 휠 모델을 그렸습니다. 베조스의 그림에서 각 단계를 이어주는 핵심적인 연결고리가 바로 고객 경험입니다. 고객들에게 훌륭한 경험을 제공하면서 고객들을 아마존의 생태계에 묶어두는 것, 그리고 더 부가가치 높은 비즈니스 기회로 만들어 기업이 관성에 의해 굴러가게 하는 것입니다. 아마존이 망하지 않고 세계에서 가장 영향력 있는 기업이 된 데는 콜린스 교수의 영향이 컸습니다.

아마존은 고객 중심이라는 키워드를 제대로 실현해낸 기업이면서 거기서 한 단계 더 나아가 회사의 이익을 고객에게 돌려주었습니다. 이 철학을 실천하면서 아마존은 이익이 생기면 과감히 재투자해서 서비스를 개선하거나 제품의 가격을 낮추는 전략을 실시했습니다. 아마존 셀러들이 막대한 수익을 올리게 된 것은 이런 철학 덕분입니다. 다양한 고객의 이익을 위한 노력이 바로 충성도 높은 고객을 생성시킨 아마존 성장의 배경이 되었습니다.

고객들은 이제 자기 자신을 위해 아마존을 이용하면서 막대한 데이터를 아마존에 전달합니다. 전달된 데이터들은 고객들이 모르는 사이에 정보로 전환되고, 또 정보는 고객의 선택을 돕는

데 활용됩니다. 가령 플랫폼을 확장한 클라우드 서비스인 '아마존 웹 서비스'와 인공지능을 탑재한 음성인식 스피커 '아마존 에코' 등이 그렇습니다. 이제는 아마존 생태계에 머무르기만 해도 생존이 가능할 정도입니다.

아마존은 고객과 직원의 의견에 열린 만큼 실패에도 관대합니다. 모바일 결제 서비스 '웹페이'를 비롯해, 스마트폰 '파이어폰', 지역호텔 예약서비스인 '아마존 데스티네이션', 음악 재생 플랫폼인 '아마존 뮤직 임포터' 등은 회사에 수억 달러의 적자를 가져온 실패한 사업들입니다. 그러나 제프 베조스는 시도하지 않는 안일함보다 실패에서 배울 수 있는 경험들을 격려하면서 끊임없는 도전과 실패를 통해 무언가를 얻고야 말겠다는 편집광적인 조직문화를 만들어냈습니다.

그렇다면 아마존은 실패를 통해 무엇을 얻었을까요? 문제의 본질을 파악하고 고객들의 성향에 대해 완벽하게 이해할 수 있었습니다. 콜린스 교수는 자문을 구했던 제프 베조스에게 "현실을 직시하라.", "당신이 가장 잘하는 일은 무엇인가?", "그 일을 어떻게 영속적으로 추진할 것인가?"라는 질문을 던지며 베조스 스스로 답을 찾게 했다고 합니다. 그래서 실패를 통한 경험치에서 다른 기업들이 넘볼 수 없는 차별화를 이뤄낸 것입니다. 실패의 원인을 밝혀낸 과정은 앞에서 소개한 끝없는 질문입니다.

제프 베조스는 고객들이 불평하는 이메일을 꼼꼼하게 읽어보고 "?"를 적어서 해당 담당자에게 보냅니다. 그리고 이틀에 1번씩 직원들이 콜센터에서 일하게 해서 고객의 불만사항을 직원들이 직접 들어보게 합니다. 이런 일들은 진짜 문제를 찾는 데 한 발자국 더 다가가게 합니다. 극한의 고객 우선주의를 실천하기 위해 아마존 직원들은 한계상황에 몰려 있을 정도입니다. 이런 회사가 세계 최고의 회사가 된 것은 고객 우선주의를 그만큼 중요하게 여겼고, 그 외의 모든 것은 시장에 판단을 맡겼기 때문입니다.

지식으로 무장한 사람이 판단해도 시장을 완전히 예측하기는 어렵습니다. 시장을 섣불리 판단하고 해결책을 빠르게 내리는 것은 위험하다고 아이에게 알려주세요. 가령 오디션 프로그램에서 아이가 응원하는 사람이 최후의 승리자가 되지 못할 확률이 높습니다. 결과가 나오면 여론이 시끄러운 것도 이 때문입니다. 설사 응원하던 사람이 1등을 하더라도 2등이 대중에게 더 많은 인기를 얻는 것도 결국 시장이 그렇게 선택한 것입니다.

시장의 선택이 개인의 선택을 앞설 수 없다는 것을 꼭 알려주세요. 때로는 시장과 싸우는 것이 필요할 때도 있지만, 시장이란 무엇인지 알게 하고, 자신의 선택을 시장의 선택과 비교하는 방법을 일찍부터 알려줄 필요가 있습니다. 다음 페이지에서 그 사고법을 알려드리겠습니다.

구글처럼 생각하게 하라!

《구글노믹스》의 원서 제목은 '구글이라면 어떻게 할까?What Would Google Do?'입니다. 책의 저자이자 뉴욕 대학교 저널리즘 교수인 제프 자비스는 대부분의 기업과 경영자가 인터넷 시대에 살아남아 성장하는 방법을 제대로 이해하지 못하고 있다고 생각합니다. 그 대안으로 구글의 사고방식이야말로 새로운 시대의 생존 법칙이자 성공 법칙이라고 주장합니다. 모든 산업 분야에서 "구글이라면 어떻게 할까?"라는 질문을 해야 하며, 이 질문에 답하지 못한다면 미래는 없다고 단언합니다.

구글은 그야말로 스탠퍼드 창업교육의 축소판입니다. 보통은 창업하려면 자본금을 먼저 마련하고 잘 준비된 사업 계획을 가지고 시작합니다. 하지만 구글은 스탠퍼드 대학원 연구수업 프로젝트에서 얻은 아이디어에서 시작했습니다. 가설을 검증하는 단계에서 투자자를 만나 지금의 구글이 탄생했습니다. 가설을 검증하면서 아이디어를 개선, 발전시키는 과정은 스탠퍼드식 창업교육의 핵심입니다. 이밖에 구글은 협업을 중시하는 조직문화을 고수하며, 의사결정 과정에서 디자인씽킹을 따릅니다. 개개인의 능력을 최대한 발휘하게 해서 계속적인 혁신을 이끌어내지요. 따라서 구글의 방식을 생각해보는 것은 스탠퍼드식 창업사고를 하는 과정과 매우 유사합니다.

그렇다면 구글 방식이란 무엇일까요? 아마존의 방식과 맥락이 비슷합니다. 소비자들의 의견을 잘 듣고, 최악의 고객을 최고의 친구로 만들라는 메시지입니다. 기존의 사고방식에서는 회사를 이끄는 사람이 그 분야에서 최고의 전문가입니다. 전문가는 언제나 옳고, 고객은 가르쳐야 할 대상이었습니다. 하지만 구글은 제품이나 서비스를 좌우하는 재량권을 고객에게 넘겼습니다. 고객이 원하는 것을 반영해서 고객이 원하는 것을 이뤄주는 것, 그곳이 바로 구글입니다.

구글 방식을 적용한 자동차 회사는 어떨까요? 소비자들이 원하는 색상과 디자인을 설계 단계에 적용하고, 판매 방식을 공유로 바꿀 수도 있습니다. 구글 레스토랑이 있다면 어떤 곳일까요? 메뉴 선정, 영업시간, 장소까지 전부 소비자가 선택할 수 있게 바꿀 수 있습니다. 구글 대학교라면 어떨까요? 학생들이 원하는 교수진과 배우고 싶은 내용을 골라서 수업을 들을 수도 있습니다.

특히 구글 레스토랑은 지금 당장 실행하기 매우 좋은 아이템입니다. 한 번은 '최고의 레스토랑'이라는 창업 프로그램에서 이와 비슷한 아이디어가 나왔습니다. 시장조사에 따르면 충분히 실현 가능한 일이었습니다. '골목식당'이라는 TV 프로그램을 보셨나요? 한 멘토가 식당을 살리기 위해 치열하게 고민합니다. 음식의 맛과 식당의 청결은 기본 중의 기본이고, 차별화된 아이디어를 도입해야만 살아남을 수 있습니다. 뛰어난 아이디어는 구글 방식을 고민하는 데서 시작합니다.

제프 자비스는 나아가 구글 방식이 기업과 정부기관의 필수 능력이 되어야 한다고 주장합니다. 그러나 저는 구글 방식이 개인 차원의 능력 개발에도 필수가 되어야 한다고 생각합니다. 그렇다면 이런 구글의 사고방식은 어디에서 비롯되었을까요? 스탠퍼드 교육입니다. 그래서 제프 자비스도 "데이터베이스 프로그램을 배우려면 카플란kaplan에 가면 되고, 새로운 구글을 만드는 데 필요한 기업가정신을 배우려면 스탠퍼드로 가면 된다."고 책에서 언급하고 있습니다.

구글의 수석 부사장인 조너선 로젠버그는 《구글은 어떻게 일하는가》라는 책에서 구글의 특징으로 '일반적이지 않은 문제해결 기술'을 꼽습니다. 그리고 구글이 중요시 여기는 5가지 기술을 설명했는데, 분석적 추론 기술, 커뮤니케이션 기술, 실험하려는 의지, 팀을 이루어 일하려는 태도, 열정과 리더십입니다. 이 5가지 기술은 스탠퍼드의 교육과 매우 흡사합니다. 분석적 추론 기술은 관찰과 상상에서 나오고, 팀워크 활동에서는 커뮤니케이션 기술이 중요하며, 디자인씽킹에서는 실험하려는 의지가 중요합니다.

이런 기술들을 바탕으로 구글이 현재 벌이고 있는 사업은 매우 다양하고 놀랍습니다. 사람들은 구글이 미래에서 살고 있다고 하지만, 실제로는 상상의 세계에 살면서 미래를 만들어내고 있습니다. 그리고 우리는 구글이 만들어놓은 미래에 살 수밖에 없는 환경에 있습니다. 알파고의 비약적인 발전을 보면 인공지능의 수준이 한 단계 높아졌고, 자율 주행차, 구글 글래스, 스마트폰 등 셀 수 없이 많은 부분에서 우리의 미래를 짓고 있습니다. 이것이 가능한 이유는 구글이 상상력의 힘을 알고 있기 때문입니다. 메모 1장에 불과했던 가설이 지구촌의 신으로 군림하는 시스템을 만들어냈는데, 그들에게 그 어떤 것이 불가능할까요?

구글은 한 번도 평범했던 적이 없습니다. 그러기에 구글이 새로운 것을 만들어도 놀랍지 않습니다. "역시 구글이군."이라고 인정할 뿐입니다. 구글의 모든 조직문화는 스탠퍼드 창업 시스템을 전부 회사라는 시스템으로 구현하고 있습니다. 상상에서 창의로, 창의에서 혁신으로, 그리고 기업가정신으로 이어지는 일련의 과정을 끊임없이 사업화하는 것이 구글의 힘입니다. 구글의 방식을 이해하고 나면 우리 아이들에게도 이런 질문을 해볼 수 있습니다. "구글이라면 어떻게 할까?"

저는 TV를 보면서 아이들에게 질문합니다. "구글이라면 어떻게 할까?" 그럼 아이들이 제법 재밌는 답변을 합니다. 그런데 그 답변이 제가 생각지 못한 것일 때가 많습니다. 제 자식들만 그런 것이 아닙니다. 수업하다 보면 제 고정관념을 깨는 일이 많이 일어납니다. 그래서 저는 수업할 때마다 아이들로부터 많은 것을 배웁니다.

먼저 아이들에게 구글이 얼마나 대단한지 설명해줘야 구글 사고에 대해서 질문할 수 있습니다. 만약 아이가 구글을 이해하기 어려운 나이라면 이렇게 해보세요. 우주인, 부자, 산타클로스, 부처님, 개미, 강아지, 두꺼비 등등 다른 입장에 있다면 어떤 해결책을 내놓을 것인지 아이에게 한 번 물어보세요. 예를 들면 다음과 같습니다.

- "부자라면 어떻게 할까?"
- "우주인이라면 어떻게 할까?"
- "돈이 아주 많다면 이 문제를 어떻게 해결할 수 있을까?"
- "미세 먼지 때문에 매일 마스크 쓰느라 답답하지? 다른 방법이 있으면 좋을 텐데…, 만약 우주인이 지구에 온다면 미세 먼지를 어떻게 해결할까?"

질문하다 보면 아이들이 좋아하는 주제가 무엇인지 알 수 있고, 아이와 잘 통하는 질문들이 무엇인지 알 수 있습니다.

하버드보다 스탠퍼드가 좋다고?

한국인들에게 '세계의 일류대학'을 물으면 전부 하버드 대학이라고 말합니다. 그럼에도 제가 스탠퍼드 대학의 교육법을 따르기로 결심한 것은 창업가들의 성공사례뿐만 아니라 교육관 때문이기도 합니다.

1960, 70년대 미국에는 전 세계가 주목한 창업 클러스트(첨단산업단지)가 2개 있었습니다. '실리콘밸리'와 '루트128'입니다. 루트128은 아마 처음 들어보는 사람도 많을 것입니다. 루트128은 하버드 대학과 매사추세츠 공과대학(MIT)을 주축으로 보스턴 지역에서 시작됐고, 실리콘밸리는 스탠퍼드 대학을 주축으로 샌프란시스코 북부에서 시작됐습니다.

당시 미국 경제의 주축은 동부였고, 서부는 경제적 환경이 척박했습니다. 미국은 동부에서 시작된 나라인 만큼 객관적인 조건은 루트128이 실리콘밸리보다 훨씬 우세했습니다. 실리콘밸리는 여러 가지로 불리한 점이 많았지만, 결과는 모두가 아는 대로 그들의 압승이었습니다. 어떻게 이런 결과가 나왔을까요?

연구에 따르면 두 조직의 문화구조를 원인으로 분석하고 있습니다. 루트128은 조직구조가 대기업처럼 수직적이고, 실리콘밸리는 수평적이었습니다. 대기업은 자신만의 독자적인 시스템을 가지고 회사를 독립적으로 운영합니다. 그러다 보니 루트128은 하나의 공동체라기보다 각각의 사업체가 거리상 가까이 존재하는 물리적인 집합체였습니다.

반면 실리콘밸리는 지역을 거점으로 중소기업들이 융합해서 이루어진 하나의 공동체였습니다. 특히 열린 의사결정 과정을 통해 다 같이 성장하면서 이상적인 공동체를 만들었습니다. 안나리 색스니안(Annalee Saxenian)은 《지역의 이점(Regional Advantage)》에서 이 대조적인 문화 차이가 바로 현재의 실리콘밸리를 만든 원동력이 되었다고 합니다.

두 조직이 집중적으로 개발하는 역량에도 큰 차이가 있습니다. 하버드의 비즈니스 스쿨은 개인의 영향력을 강화해서 미래를 예측하고 합리적인 대응 방법을 가르치는 프로그램입니다. 스탠퍼드의 창업 프로그램은 미래를 예측하기보다는 미래를 만들어내기 위해 공동사고하는 방법을 가르치는 프로그램입니다. 따라서 하버드는 엘리트 양성을 위한 '개인 역량 강화'에 초점을 맞추고, 스탠퍼드는 개인보다 '팀 역량 강화'에 집중합니다. 실리콘밸리가 전 세계 인재들을 빨아들이는 블랙홀이 된 것은 팀원들의 유기적인 결합과 수평적 조직구조에서 찾을 수 있습니다.

5장

놀면서 배우는 스탠퍼드식 창업교육

스탠퍼드식 창업교육은 엄마와 아빠, 아이가 동등하게
각자의 생각을 마음껏 말할 수 있어야 합니다.
결과에 어떤 기대감도 가지지 않고, 그 자체가 하나의 놀이가 되어야
교육이 재밌어지고 창의적인 이야기들이 쏟아집니다.

아이도 재밌고
엄마도 재밌는 디자인씽킹

디자인씽킹은 한국에도 잘 알려진 교육입니다. TV 프로그램 '명견만리'에서 4부작에 걸쳐 다루기도 했고, 최근 대학원에서 디자인씽킹 교육과정을 이수했다는 사람들이 많은 것을 보면 어느 정도 자리를 잡은 전략으로 보입니다. 그런데도 가끔 디자인씽킹을 배운 분들이 제게 이런저런 질문을 하시거나 관련 도서를 추천해달라고 부탁합니다. 그중에는 스탠퍼드에서 배워서 오신 분들도 있습니다.

디자인씽킹을 공부할 때의 어려움은 충분히 이해합니다. 일단 자료가 별로 없습니다. 저는 스탠퍼드의 창업 시스템부터 디스쿨의 모든 자료를 직접 구해서 연구했고, 디자인씽킹 논문 자료들을 다 뒤져서 광범위하게 접근할 수밖에 없었습니다. 다만, 제가 유리했던 것은 디자인씽킹을 다양한 연령대에게 가르쳐볼 기회가 많았고, 강사들이나 학교 교사들에게 직접 가르쳤기 때문에 경험적으로 접할 기회가 많았다는 것입니다. 오랜 연구와 현장에서 진행했던 교육 경험이 시너지를 내면서 서서히 디자인씽킹에 대해 그림이 그려지기 시작했습니다. 그리고 단국대와 스탠퍼드 대학이 공동으로 진행한 디자인씽킹 부트 캠프에서 그동안의 연구를 점검받았고, 거기서 자신감을 얻었습니다.

디자인씽킹에는 5가지 원칙이 있습니다. 공감하기, 문제 정의하기, 아이디어 창출하기, 시제품 만들기, 시험해보고 피드백 받기입니다. 우리나라에서는 이 5가지 원칙을 순서대로 따르는데, 디스쿨에서는 이 원칙들을 순서대로 지키는 경우가 별로 없습니다. 어느 단계에서 멈추었다가, 다시 앞으로 돌아가는 경우가 더 많습니다. 과정을 끝까지 완수하지 못했더라도 얼마든지 앞으로 돌아가 과정을 반복할 수 있습니다. 그리고 이것이 거듭될수록 진짜 창의적인 아이디어와 해결책이 나온다고 믿습니다.

과정을 수행하다가 잘 안 될 것을 미리 깨달으면, 실패를 인정하고 다시 돌아가는 것은 얼마든지 좋습니다. 이런 디자인씽킹의 특성이 바로 한국에서 디자인씽킹을 배울 때 넘어야 할 산입니다. 우리나라에서는 5가지 단계를 마스터하지 않고는 앞으로 돌아가지 못합니다. 중간에 다시 돌아가는 이른바 '과정의 실패'는 많은 국내 전문가들이 리스크로 받아들입니다. 이것 외에도 디스쿨의 디자인씽킹이 한국에서 성과를 내지 못하는 몇 가지 이유가 더 있습니다.

디스쿨은 보통 1학기 정도 진행되고, 결과에 따른 보상을 전혀 하지 않습니다. 학점도 주지 않고 학위로 인정해주지도 않습니다. 디스쿨은 정규 학제와는 완전히 분리된 학위 외 프로그램입니다. 굳이 그럴 필요가 있느냐고요? '무보상'이라는 조건은 학생들의 창의력을 끌어내는 데 필수입니다. 그런데 한국의 디자인씽킹은 무보상이 창의성을 끌어낸다는 것을 무시합니다. 한국에서는 최소 2시간에서 최대 3, 4일간 워크숍을 진행하는 동안 조건이 따릅니다. 창의적인 결과물이 반드시 나와야 하고, 그 아이디어에 투표해서 결과에 따라 상을 줍니다. 기본적인 전제조건부터 완전히 잘못 설계되어 있는 것입니다.

이는 창의적인 아이디어를 끌어내는 데 최대 걸림돌로 작용하고 있습니다. 결과에 어떤 기대감도 가지지 않고, 그 자체가 하나의 놀이가 되어야 합니다. 만약 당신이 디자인씽킹에서 부담감을 느낀다면 이 과정을 즐길 수 있을까요? 반드시 결과물이 나와야 하고, 누군가로부터 평가받는다고 생각하면 폭발적인 아이디어를 쏟아낼 수 있을까요?

또한 디자인씽킹은 집단 중심으로 이루어져야 하고, 팀원 간에 수준 차이가 없다는 것을 전제로 합니다. 스탠퍼드에서도 교수와 학생이 철저하게 협동해 작업합니다. 교수와 학생 중 누구의 의견이 누구보다 낫지 않습니다. 이 부분 역시 수직적인 구조의 한국에서 익히기 힘든 부분입니다. 제가 창업교육을 해봐도 학생들은 계속해서 제게 물어봅니다. "이렇게 하는 게 맞나요?"

무언가 의견을 낼 때마다 진행자를 지식권위자로 보고 계속해서 확인하려는 행동이 몸에 습관처럼 배어 있습니다. 제가 스탠퍼드 교수진들과 함께 진행했던 디자인씽킹 부트 캠프에 참여했을 때도 이 점이 매우 어려웠습니다. 제가 하는 모든 행동이 맞는지 틀린지 계속해서 눈치를 봤습니다. 아마도 한국에서 받고 자란 교육의 폐해인 것 같습니다.

그래서 어린 아이일수록 이런 잘못된 습관이 없기 때문에 디자인씽킹을 더 쉽고 재밌게 받아들일 수 있습니다. 디자인씽킹 과정에서는 지식권위자가 없다는 사실을 부모가 자꾸 인식하고, 아이와 동등한 관계를 유지하는 연습을 해야 합니다. 반복해서 연습하면 효과가 있습니다.

마지막으로 디자인씽킹을 제대로 하려면 사람에 대한 '관점'을 바꿔야 합니다. 우리는 어린 왕자가 말하는 빨간 제라늄이 피어 있는 예쁜 집보다 10억짜리 집이 더 매혹적으로 느껴집니다. 이는 사회 경험을 오래 해온 어른들의 속성입니다. 한국의 입시교육에서 우리는 성적으로 줄 세우는 것에 너무 익숙해졌습니다. 줄 세우기는 언제나 서로 비교하는 습관을 만들었고, 필연적으로 타인을 경쟁상대로 만들었습니다.

인간은 원래 사회적인 존재이고, 다른 사람과 더불어 살아야 인간적으로 살 수 있습니다. 그런데 우리는 타인을 내가 맨 앞에 서지 못하게 하는 걸림돌로 생각합니다. 타인에 대한 우리의 이율배반적인 시선은 디자인씽킹을 어렵게 하는 또 하나의 걸림돌이 됩니다. 한동안 한국에서 유행했던 디자인씽킹이 현재까지 별 성과를 내지 못하고 시들어가는 것도 이런 배경을 이해해야 합니다.

한편으로는 이런 생각이 들기도 합니다. 제대로 된 디자인씽킹을 배우려면 스탠퍼드에 가야 하는 것일까? 아이디어가 필요할 때마다 스탠퍼드에 가서 일주일간 워크숍에 참석하는 것도 대안이 될 수 있습니다. 그러나 우리 공동체에 꼭 맞는 해결책을 찾는 것이라면, 그다지 효율적인 방법은 아닙니다. 왜냐하면 디스쿨에 가더라도 그곳 팀원들은 우리나라에 대한 문화적 이해도가 낮습니다. 우리 사회에 꼭 필요한 혁신적인 해결책을 내놓기가 어렵겠지요. 차라리 디스쿨의 디자인씽킹 원리를 국내에서 같이 일하는 팀원들과 공부해서 개인의 역량을 높이는 것이 장기적으로 효율적인 방법입니다.

어른들은 대부분 자신이 창의적이지 못하다고 생각합니다. 하지만 사진을 아무거나 1장 보여주고, 이 사진과 공감하라고 하면 갑자기 창의적인 생각을 쏟아냅니다. 그리고 사진 속 사람이나 물건과 공감하라고 하면 너무나 재밌어합니다. 상대방의 입장에서 생각해본다는 것은 파워 넘치는 생각을 끌어내는 견인차와 같습니다. 엄마와 아이가 동등하게, 또는 아빠와 아이가 동등하게 각자의 생각을 마음껏 말할 수 있어야 재밌고 창의적인 이야기가 나올 수 있습니다.

우리나라는 사회적 약자에 대한 배려가 부족한 편입니다. 남자 대학생들과 디자인씽킹을 해보면 특히 많이 느낍니다. 맨 처음 주제를 정할 때 남자 대학생들은 일상에서 문제점을 찾는 것이 너무 어렵다고 말합니다. 왜냐하면, 살면서 어떤 것도 문제라고 느끼지 못했다는 것입니다. 이럴 때 힌트를 주는 것이 사회적 약자의 입장에서 생각해보라는 것입니다.

내가 여대생이라면, 엄마라면, 키가 140cm인 성인이라면, 남자 초등학생이라면…. 그러면 정말 많은 문제점과 불만이 나옵니다. 이 활동은 창의적인 아이디어를 끌어낼 뿐 아니라, 다른 사람을 이해하는 경험도 할 수 있습니다.

최근 성차별 관련해서 많은 이슈들이 나오고 있고, 남자아이, 여자아이를 어떻게 가르쳐야 할지 부모들이 혼란스러워합니다. 아이의 성별이 여자라면 남자아이의 입장을 상상해보고, 아이의 성별이 남자라면 여자아이의 입장을 상상해보는 것만으로 성별 차이에서 오는 오해를 없앨 수 있습니다. '여혐(여성혐오)'이니, '한남충(한국 남자 벌레)'이니 이런 말들이 나오는 세상에서 타인의 입장을 고려해볼 수 있다면, 사회적 문제를 해결하는 데도 좋은 방법이 됩니다.

크리에이티브 챌린지 8 : 사진 공감하기

1. 사람들이 많이 나오는 사진을 찾아봅니다.
2. 사진 속 사람들이 각자 무엇을 하고 있는지 아이와 이야기를 나눠보세요.
3. 사람들에게 가장 필요한 것은 무엇이고, 지금 어떤 고민을 하고 있을지 각자 말해봅니다.

크리에이티브 챌린지 9 : 말풍선 채우기

1. 강아지 사진을 보면서 지금 강아지가 무슨 생각을 하고 있을지 아이와 이야기를 나눠보세요.
2. 강아지 옆에 말풍선을 그려놓고 강아지가 뭐라고 말하는지 각자 써봅니다.
3. 강아지가 왜 이런 말을 왜 하는 것인지 그 이유에 대해 각자 말해봅니다.

크리에이티브 챌린지 10 : 지갑 만들기

1. 아이에게 새 지갑을 갖고 싶다고 말해보세요. 지갑이 왜 필요한지 알려주고, 아이에게 깜짝 놀랄 만한 선물을 받고 싶다고 이야기하세요. 원래 쓰던 지갑의 어떤 부분이 불편했는지 알려주고, 이런 문제점을 해결해달라고 한 후 색종이로 만들어보게 합니다.
2. 이때 '빨간색 장지갑', '파란색 동전지갑' 등 구체적인 색깔과 모양을 절대 말하지 마세요. '시장 갈 때 편하게 들고 갈 수 있는 지갑' 또는 '너무 두껍지 않으면서 동전도 같이 넣을 수 있는 지갑'이면 좋겠다는 식으로 요구합니다.
3. 아이가 지갑을 만들어오면 이리저리 살펴보면서 물어보세요. "아, 여기다 동전을 넣으라는 거구나?"
4. 아이가 왜 이런 지갑을 만들었는지 이야기를 들어봅니다. 마지막으로 아이에게 엄마의 고민을 잘 들어주고, 엄마가 미처 생각하지 못한 기능들을 넣어주어서 고맙다고 말해주세요.

1억짜리 수업을 집에서?
스탠퍼드식 창업놀이

한국에서 스탠퍼드식 창업교육을 어떻게 가르칠 수 있을까?

창업교육에 대해 공부하면 공부할수록 제 머릿속을 떠나지 않는 질문이었습니다. 우연히 해답을 발견했습니다. 2016년 판교에 있는 경기창조경제혁신센터에서 마이크로소프트 회사가 주관한 파일럿 형식의 워크숍이었습니다. '비전 런치Vision Launch'라는 이름으로 진행하는 이 파일럿 워크숍은 대학생들의 창의성을 개발하는 취지로 만들어진 프로그램인데, 당시 저는 대학원생 자격으로 참가하게 되었습니다.

미국에서 직접 온 마이크로소프트 직원들이 티나 실리그 교수의 강의를 영상으로 틀어주고, 그 강의 내용을 바탕으로 해서 창의 활동을 해보는 것이었습니다. 즉, 앞서 언급한 기업가정신의 발명 사이클을 연습해보는 시간이었습니다. 이 워크숍을 계기로 한국에서도 이제 스탠퍼드의 창업교육을 배우고 가르칠 수 있겠다는 확고한 믿음이 생겼습니다.

기업가정신을 가르치는 디스쿨은 필연적으로 개방적일 수밖에 없습니다. 누구나 돈, 시간, 영어만 된다면 얼마든지 디스쿨과 협업할 수 있습니다. 이것이 디스쿨의 방침입니다. 스탠퍼드의 중요 강의는 온라인 공개강좌인 무크MOOC 시스템으로 들을 수 있습니다. 디스쿨의 현장 강의 역시 유튜브로 볼 수 있습니다. 특히 디스쿨은 수업 자료를 오픈 소스로 공개해서 홈페이지에 가면 모두 내려받아 사용할 수 있습니다.

세계를 움직이는 스탠퍼드 대학의 창업교육은 저 혼자서 연구, 접근하기엔 너무 거대한 시스템이었습니다. 큰 산은 멀리서 보는 게 나을 수 있다는 신념으로 하나씩 연구했습니다. 많은 사람의 도움을 받아 지속적으로 교육 프로그램을 개발하고, 실행해 볼 기회를 얻었습니다. 그렇게 스탠퍼드식 창업교육 프로그램을 다듬었고, 비로소 한국에서 정식으로 시작할 수 있었습니다.

저처럼 디스쿨의 원칙을 자녀교육에 적용하고 싶은 사람들을 위해 스탠퍼드 대학의 홈페이지에 있는 내용을 정리해보았습니다. 홈페이지에는 그 내용을 음식을 조리하는 과정에 비유해서 재미있게 표현하는데, 직역하면 오해의 소지가 있어서 정보를 전달하는 수준으로 번역했습니다. 그 원칙은 다음과 같습니다.

디스쿨의 원칙

디스쿨 수업을 할 때 다음의 10가지 원칙을 고수하되, 자신의 공동체 특성에 맞는 조건을 더합니다. 결과를 절대 미리 예측하지 말고, 공동체의 개성이 듬뿍 담긴 독특한 해결책을 만들어내는 것을 목표로 합니다.

꼭 지켜야 하는 규칙

- 철저히 학생(수강생) 중심이어야 합니다.
- 서로 상반되는 관점을 전부 포용합니다.
- 해결책을 찾느라 너무 공들이지 말고, 미완성이더라도 최소한의 아이디어를 함께 나눕니다.
- '무엇'에 집중하지 말고, '어떻게'에 집중합니다.
- 빤한 아이디어 대신에 새롭고 신선한 아이디어를 찾습니다.
- 다양한 아이디어가 나올 때는 다수결로 정합니다.
- 변화를 위한 공간을 만듭니다.
- 학습은 구조화된 활동임을 기억합니다.
- 혼란과 통제 사이에서 균형을 잡아야 합니다.
- 전체적인 팀 활동을 체계적으로 진행합니다.

디스쿨을 시작하기 전에 주의해야 할 점

- 공동체의 특성을 사전에 미리 조율합니다.
- 교육 공간을 디스쿨의 원리에 맞게 디자인합니다.
- 함께하는 팀원을 다양하게 구성합니다.

디스쿨의 주의사항과 교육 철학을 이해했다면 어떤 활동도 디스쿨 방식으로 설계할 수 있습니다. 디스쿨이 오직 스탠퍼드 학생들과 세계 최고의 교수진들에 의해서 진행될 수 있다고 생각한다면 틀렸습니다. 디스쿨은 다양한 성향을 가진 사람들이 마음을 열고 서로 존중하면서 의견을 통일해가는 과정입니다. 굳이 몇 만 불을 들여서 스탠퍼드 워크숍에 참석하는 것이 의미가 없어졌습니다.

저는 디스쿨의 10가지 원칙을 기초로 '참여형 수업'을 개발했습니다. 이 수업은 국가로부터 예산을 지원받아 더 체계적으로 다듬어질 수 있었습니다. 여기서 알려드리는 창업교육 프로그램들은 창의적인 활동에 도전한다는 의미에서 '크리에이티브 챌린지'라고 소개합니다. 일방적인 전달식의 강의가 아니라 아이의 참여와 도전 의식을 중요하게 생각하니까요.

참여형 수업은 디스쿨의 교육 철학을 한국에 적용한 결과입니다. 참여형 수업의 커리큘럼은 티나 실리그 교수의 발명사이클에 입각해서 '상상력 → 창조성 → 혁신 → 기업가정신' 단계를 체계적으로 익히도록 짜여졌고, 학생들에게 가능한 한 구체적인 직업이나 역할을 경험하게 합니다. 우리나라 학생들은 겸양의 미덕이 있어서 잘 나서지 않지만, 강제적으로 역할을 주면 놀라운 역량을 보입니다. 외교대사, 인터폴, 디자이너, CEO, 멘토, 엔지니어 등 다양한 역할을 수행하게 하면 역할에 굉장히 몰입했고, 엄청난 잠재력을 보여주었습니다.

실제로 이런 교육을 받은 경험을 대학 입시에서 활용해 좋은 결과를 얻어낼 수 있습니다(저희 작은애가 그렇습니다). 부모가 해야 할 일은 아이들이 이런 능력을 펼칠 수 있는 환경을 만들어주고, 약간의 가이드만 해주면 됩니다. 다음 페이지에서 제가 아이들의 무궁무진한 가능성을 확인할 수 있는 창업교육 프로그램들을 알려드리겠습니다. 학교에 프로그램을 신청해서 친구들과 함께하기를 권장합니다. 아이들을 모아 팀원을 구성해서 진행해도 좋습니다. 지금 당장 집에서 아이와 해보고 싶은 분들을 위해 몇 가지 놀이를 같이 소개합니다.

◆ 세계무역게임 ◆

경제관념과 협상 실력이 쑥쑥 자란다!

세계무역게임은 교육 소프트웨어 개발 회사인 3B에듀테인먼트가 만든 교육 프로그램으로, 저희 회사에서 정식으로 계약해 국내에서 독점적으로 진행하는 창업 프로그램입니다. 그리고 이 게임은 교육청과 창조경제혁신센터에서 최고의 평가를 받아 공식 프로그램으로 지정, 운영되고 있습니다. 게임을 통해 경제 활동의 전체적인 흐름을 이해할 수 있고, 창업할 때 고려해야 할 전문지식이 모두 녹아 있습니다. 과정을 요약하면 다음과 같습니다.

1. 무역에 대한 기본적인 이해가 있어야 합니다.
2. 나라별로 서로 다른 자원을 가지고 있다는 것을 알아야 합니다.
3. 시장에서 프로젝트가 시작되면, 각 나라는 문제를 해결해야 합

니다.

4. 이 과정에서 가장 많은 돈을 번 나라가 우승합니다.

입시교육에서는 한 학년에서도 엘리트반과 보충반의 커리큘럼이 완전히 다릅니다. 학년에 따라 교육 내용이 정해져 있기도 하고, 학업 수준에 따라 편차가 커서 매우 세밀하게 나눌 수 있습니다. 반면 창업교육의 가장 큰 특징은 누구에게나 같은 교육을 진행할 수 있다는 점입니다.

제가 세계무역게임을 진행했던 학생들 중에서 가장 어린 사람이 초등학교 1학년이고, 최고령이 60세 이상의 장년층이었습니다. 초등학교 1, 2학년을 제외한 초등학교 3학년부터는 어른과 완전히 동일한 교육을 진행합니다. 나이에 상관없이 매우 높은 몰입도를 끌어내고 좋은 피드백을 얻을 수 있었습니다. 초등학교 1, 2학년은 경쟁을 빼고, 주어진 문제를 해결해서 오기만 오면 무조건 점수를 주는 방식으로 쉽게 변형했습니다.

하버드 비즈니스 스쿨에는 '에베레스트 등반 시뮬레이션 프로그램'이 있는데, 전체 인원이 각 컴퓨터에 로그인해서 에베레스트 등반을 위한 전략을 짭니다. 6개의 직업군 중 하나를 선택하고, 6개의 베이스캠프에 등반하기까지 다양한 상황을 고려해서 등반에 성공하면 됩니다. 이 프로그램을 하려면 인터넷이 되는 개인 컴퓨터와 프로그램을 이해할 수 있는 최소한의 지식 수준이 갖춰져야 합니다.

그런데 한국의 학교 상황을 조금 설명하자면, 일단 인터넷이 되는 환경이 별로 없습니다. 프로젝터나 TV가 외부와 잘 호환되지 않습니다. 컴퓨터 시설의 미비로 진행이 아예 불가능한 교육 프로그램도 많습니다.

그에 반해 세계무역게임은 한국의 교실 상황에 잘 맞습니다. 인터넷이 안 되더라도 컴퓨터 1대만 있으면 게임을 진행할 수 있습니다. 먼저 적정 인원수에 따라 한 팀당 2~5명으로 구성된 4, 5개 팀을 만듭니다. 컴퓨터 프로그램은 세계시장을 의미하고, 팀은 국가를 의미합니다. 세계시장은 교실에 있는 큰 화면을 통해 국가별로 미션을 줍니다. 국가들이 작은 미션을 하나씩 완수할 때마다 세계시장은 정해진 액수의 게임 머니를 제공합니다. 마지막까지 가장 많은 게임 머니를 보유한 팀이 우승입니다.

이 게임은 팀 역량 강화를 위한 시뮬레이션 게임인데, 팀원은 세계시장의 요구에 따라 외교대사, 인터폴, 환전인 등 역할을 분배해서 그 역할에 맞는 의견을 내 국가를 경영합니다. 저는 수백 번의 수업을 진행하면서 우리나라 학생들의 의식의 흐름을 엿볼 수 있었습니다. 가령 게임의 규칙을 빠르게 이해하고 이기는 방법을 본능적으로 아는 학생들은 5% 내외입니다. 성적이 좋거나, 교우 관계가 좋은 학생들이 압도적으로 많습니다. 그리고 이들은 중요한 역할을 맡는 것에 꽤 신중한 편입니다. 극히 일부를 제외하고 삼고초려 끝에 주어진 역할을 수행합니다. 반면 반항적이거나 아예 무기력한 학생들도 늘 있는데, 명확한 역할이 주어지면 거의 모든 학생이 대단히 몰입하고 열정을 쏟습니다.

입시교육과 성적 위주의 교육을 주로 진행해온 저로서는 생각지도 못한 일들을 많이 겪었습니다. 입시교육을 하다 보면 솔직히 학생들을 대할 때 성적이라는 패러다임에서 벗어나기 힘듭니다. 얼굴만 봐도 성적이 보이는 것을 자랑스럽게 생각했던 부끄러운 과거도 있었습니다. 고백하자면 성적으로 아이의 미래를 속단한 적도 꽤 있었습니다. 그런데 창업교육을 하면서 전에는 전혀 고려하지 않았던 아이들의 가치와 가능성을 보게 되었습니다. 그리고 몇몇 우등생들의 이기심을 깨닫게 되었는데, 깜찍한 영악함을 넘어서 어른들 못지않은 그릇된 가치관을 꽤 일찍부터 가질 수 있다는 것도 알게 되었습니다.

어느 학교에서 경험한 일입이다. 고1 진학을 앞둔 중3 학생들에게 창업교육을 진행하러 갔는데, 학교에서 유일하게 특목고에 진학한 학생이 있었습니다. 경기도 외곽에서 몇 년 만에 나온 명문고 합격생은 이 학교의 자랑이었습니다. 학교 선생님들이 외부에서 온 저에게 말해줘서 알게 되었습니다. 그런데 창업교육 프로그램에서 그 학생이 보여준 모습이 매우 인상적이었습니다.

세계무역게임은 각 팀의 협력이 필수입니다. 서로 협력하지 않으면 질 수밖에 없게 고안되었는데, 그 학생이 남의 팀끼리 협상하는 것까지 번번이 개입해 이간질했습니다. 협상을 통해 서로가 잃게 되는 것들을 설명하면서 결국 두 팀의 협상을 방해했습니다. 세계무역게임 진행 사상 최초로 5개 팀에서 3개 팀이 파산하는 일이 생겼습니다. 우리는 아이들에게 무엇을 가르치고 있는 것일까요? 어린 학생이 그런 가치관을 가지고 어떻게 한국의 미래를 이끌어갈지 진지하게 고민하게 됐습니다.

우리는 공부를 잘하는 학생이 인성적으로도 훌륭할 것이라는 근거 없는 고정관념을 가지고 있습니다. 세계무역게임을 해보면, 누가 훌륭한 리더의 자질을 갖추고 있는지 알 수 있습니다. 그리고 진행자는 게임 중간마다 갑작스런 세계 이슈를 터트리는데, 학생들은 자신에게 불의의 사고가 일어난다는 것에 엄청난 충격을 받습니다.

이 이슈는 20, 30명 중에서 2, 3명의 학생만 겪는 일입니다. 학생들은 이렇게 대놓고 차별받은 경험이 없기 때문에 매우 분노합니다. 하지만 사회적 약자는 누구나 될 수 있다는 사실을 깨닫게 됩니다. 몇 년간 세계무역게임에서 학생들이 무엇을 배울 수 있는지 연구했고, 다음과 같이 구체적으로 정리할 수 있었습니다.

- 경제생활에 대해 정확히 알 수 있습니다. 우리 학생들은 사회경험이 전무합니다. 돈을 어떻게 벌거나 쓰는지, 가격이 어떻게 만들어지고, 물류가 어떻게 흐르는지 알게 됩니다.
- 협상할 때 말만 잘하는 것은 의미가 없습니다. 내가 필요한 것을 말한다고 사람들이 관심을 가지지 않습니다. 오히려 말을 많이 하면 자신의 약점을 노출하게 되고, 공격의 대상이 되기 쉽습니다. 상대방이 무엇을 가지고 있고, 무엇을 필요로 하는지 재빨리 깨닫는 사람이 유리하다는 것을 배울 수 있습니다.
- 자신이 가진 강점을 알고 최대한 활용합니다. 게임 초반에 학생

들은 자신이 불리하다고 생각합니다. 그래서 남이 가진 자원만 살펴보고, 자기가 가진 자원을 소홀히 여깁니다. 자신이 가진 자원과 강점을 최대한 활용할 수 있는 팀이 좋은 결과를 낸다는 것을 깨닫습니다.

- 태도와 팀워크가 좋은 팀은 늘 좋은 결과를 얻습니다. 경험상 규칙을 잘 준수하고 팀워크가 훌륭한 팀들이 탁월한 성과를 보여주었습니다. 결과에 연연하지 않고 과정을 즐기는 팀은 다른 팀들과 완전히 다른 수준의 역량을 보여준다는 것을 배웁니다.
- 타인의 기분을 살필 줄 알고, 배려심이 있는 팀원들은 설혹 졌다고 해도 친구의 소중함을 깨닫게 됩니다.

세계무역게임을 지금 당장 해보고 싶지 않으신가요? 아이들을 모아서 약식으로 진행해보거나, 부모가 아이들과 지금 당장 도전해볼 수 있는 방법을 소개합니다.

크리에이티브 챌린지 11 : 세계무역게임

1. 게임에 참여하는 인원은 최소 3명입니다. 이 게임은 하나의 주제를 정한 뒤 제한 시간 5분 안에 관련된 단어를 가장 많이 적는 사람이 이기는 게임입니다. 가령 꽃 이름을 적기로 했다면, 장미, 개나리, 진달래 등을 적으면 됩니다.
2. 진짜 게임은 지금부터입니다. '단어 적기 게임'에 필요한 재료, 즉 종이와 연필은 모든 사람이 가질 수 없습니다. 엄마는 연필깎이를 가지고, 아이는 깎지 않은 연필을 가지고, 아빠(또는 다른 아이)는 종이를 가집니다.
3. 아이에게 엄마를 설득해서 연필깎이를 빌리라고 해보세요. 연필깎이가 없으면 아이는 연필을 깎을 수 없고, 게임을 시작할 수 없습니다. 이때 엄마는 아이에게 타당한 이유를 대야 연필깎이를 빌려줍니다.
4. 아이가 어떤 제안을 하는지 들어보세요. 아이가 무턱대고 연필깎이나 종이를 달라고 하면 줄 수 없는 이유를 알려줍니다. 무역이란 서로가 필요한 자원을 교환하는 것임을 아이에게 알려주세요.
5. 아이들은 대부분 자신이 원하는 것을 말하면 부모가 들어준다고 생각합니다. 그래서 게임 초반에는 엄마와 아빠가 양보하지 않으면 단어 적기 게임은 시작해보지도 못하고 시간만 갈 확률이 높습니다(실제로 1개의 단어도 써보지 못하고 게임이 끝나는 경우가 가장 많습니다).
6. 아이에게 연필깎이나 종이를 조건 없이 주면, 엄마와 아빠는 게임에서 질 수밖에 없다고 말해주세요. 그러니 엄마와 아빠에게도 유리한 조건을 달라고 말합니다. 아이는 협상이라는 것이 자신이 원하는 것을 말한다고 되는 게 아니라는 것을 알게 됩니다.
7. 단어를 1개라도 적었으면 잘한 것이고, 협상이 잘 되지 않았더라도 아이에게 어떤 의견을 제시해야 협상이 될 수 있는지 자꾸 생각하도록 유도하세요.

   "우리는 서로에게 필요한 것을 하나씩 가지고 있구나."
   "엄마와 ○○(이)가 협동해야 연필을 깎을 수 있겠다. 그렇지?"
   "연필을 깎더라도 아빠를 설득하지 않으면 종이에 단어를 적을 수 없어."
   "아빠한테 종이를 1장 빌리는 대신에 연필을 1번 쓰게 해줄까?"

• 크림슨 그리팅 •

실패를 딛고 일어서는 우리 아이 경영수업

우리는 스스로 부족하고 모자란 존재라고 느낍니다. 나보다 성적이 좋은 친구, 나보다 외모가 예쁜 친구, 나보다 더 잘사는 친구들을 보면서 끊임없이 비교하고 결핍을 확인합니다. 이때 모든 조건이 똑같이 주어지는 게임이 있습니다. 팀을 정하면, 같은 아이템을 가지고 게임을 시작하는 크림슨 그리팅입니다.

세계무역게임은 팀별로 다른 아이템을 가지고 전략을 짜서 승부를 결정짓는 게임입니다. 반면 크림슨 그리팅은 같은 조건에서 반짝이는 아이디어가 있어야 이길 수 있는 활동입니다. 이 교육 프로그램은 세상에 없던 창업 아이템을 찾는 사람들에게 고정관념을 깨부수는 효과가 있습니다. 게임을 더 자세히 살펴봅시다.

먼저 모든 팀이 같은 회사를 차립니다. 가령 연하장 같은 카

드를 만드는 회사입니다. 카드는 종류가 많습니다. 그중에서 어떤 종류의 카드를 만들 것인지, 어떤 강점으로 다른 회사(팀)와 차별화할 것인지 아이디어를 냅니다. 모두 같은 종류의 회사를 운영한다는 조건에서 대부분 큰 고민 없이 시작합니다. 그러다 어떤 회사를 만들지 서로 발표하면, 그때부터 학생들이 수심에 찬 얼굴을 합니다. 생각하는 수준이 다 비슷하다는 것을 알게 된 것입니다. 이때 적극적으로 새로운 아이디어가 나오기 시작합니다.

이 활동을 하다 보면 항상 2가지 부류의 팀이 나옵니다. 카드의 디자인이나 의미에 중점을 두는 팀과 카드를 하나의 서비스 플랫폼으로 생각하는 팀입니다. 전략가 스타일이면 후자에 가깝고, 순응형 스타일이면 전자인 경우가 많습니다. 평가 기준은 아이디어, 성실성, 독창성 등으로 각 팀원들과 진행자가 함께 평가하는데, 순응형 스타일이 승리하는 경우가 많습니다. 창의적인 서비스 기능을 탑재한 팀이 좋은 평가를 받는 경우는 거의 없고, 디자인이 예쁘고 독창적인 카드를 만든 다른 팀에게 점수를 후하게 주는 경향이 뚜렷하게 나타납니다.

그래서 예쁜 카드를 많이 만들어낸 팀이 우승하는데, 이것은 사람들이 직관적으로 느껴지는 아름다움에 호감을 보인다는 것을 증명하는 사례입니다. 이런 결과는 현실에서도 많이 찾아볼 수 있습니다. 뛰어난 아이디어를 처음에 내놓은 기업보다 후발 주자들이 성공할 확률이 높은 경우가 그렇습니다. 낯선 아이디어는 처음부터 공감을 얻기 어렵기 때문입니다. 그래서 일반적으로 사업 기회는 기존에 존재하는 사업을 리프레이밍하는 것이 성공의 가능성을 높입니다. 그런데 사람들은 이미 존재하는 시장을 무시하고 자꾸 새로운 시장을 찾아 나서려니 그 과정이 어려울 수밖에 없습니다.

세상은 기존에 없던 것에 쉽게 문을 열어주지 않습니다. 혁신가들은 이 사실을 처음 깨닫고 보통 좌절합니다. 그래서 한 번 실패해도 다시 일어설 수 있는 기업가정신이 중요한 것입니다. 사업 평가나 시장 반응이 냉담할 때 깔끔하게 포기하는 것이 옳은지, 더 노력해보는 것이 옳은지 정답은 없습니다. 그러나 깔끔하게 포기하는 사람에게 더 이상 기회가 주어지지 않는 것은 확실합니다.

사람들이 뛰어난 아이디어를 받아들이기 어려운 이유는 가치를 이해시키기가 어렵기 때문입니다. 이 아이템을 어디서부터 설명해야 할지, 언제까지 사람들을 붙들고 이해시켜야 할지 감이 잘 안 잡힙니다. 따라서 아이디어를 소유한 사람은 투철한 기업가 정신을 발휘해야 혁신을 이루어낼 수 있습니다. 아이디어는 아이디어 상태로만 존재했을 때 그 누구도 아이템의 가치를 알아볼 수 없으니까요.

이런 현상은 창업 심사에서도 많이 벌어지는 일입니다. 아이디어가 독창적이고 창의적일수록 일반적인 팀원이나 심사위원들의 공감을 얻어내기가 어렵습니다. 한 번은 혁신기술창업을 돕는 정부지원 사업에 멘토링을 가게 되었는데, 한 여자 분이 저를 무척이나 기다렸다고 했습니다. 저를 기다렸던 여자 분은 개인 맞춤형 화장품 아이템을 냈는데, 심사위원들이 저만 빼고 다 남자여서 당황했다고 했습니다. 남자 심사위원들이 자신의 부인에게 사주고 싶을 정도로 자신을 설득해보라고 했다고요.

심사 기준을 듣고 나니 기가 막혔습니다. 화장품은 여자가 스스로 구매합니다. 어떤 남자가 부인과 상의 없이 부인의 화장품을 살 수 있을지, 저는 본 적도 없고 들은 적도 없는 이야기입니다. 다행히 저는 이 사업으로 성공한 분을 알고 있었고, 그 분과 이 여자 분을 연결시켜주었습니다. 결국 심사에서 그 아이템은 시장성이 없다는 평가를 받았는데, 연간 10억 이상의 매출을 내고 있는 그 대표님과 연결하면서 문제점이 말끔히 해결되었습니다. 앞으로 그 사업이 얼마나 잘될지 기대하고 있습니다.

크림슨 그리팅은 아이템에 집착하는 창업가들에게 사고의 범주를 넓혀주는 효과가 있습니다. 또한 구직자들에게 직무에 대한 구체적인 지식을 제공하는 효과도 있습니다. 회사를 세우면서 대표 직무들을 철저히 분담해서 결제 시스템까지 진행하게 하면, 회사가 어떻게 돌아가고 회사 내에서 어떻게 의사소통하는지 구체적으로 이해할 수 있습니다. 같은 아이템을 두고 고민하면서 어떤 가치를 만들어낼지, 그야말로 가치 창출의 의미를 명확하게 파악할 수 있습니다.

이 수업의 꽃은 발표 시간입니다. 각 팀마다 카드를 보여주고 기능을 설명하면 투표를 통해 시장의 반응을 볼 수 있습니다. 아이들은 각자 좋은 아이디어라고 생각했는데, 시장의 반응이 시큰둥한 것을 경험합니다. 개인의 선택이 시장의 선택을 앞설 수 없다는 것을 이해시킬 수 있습니다. 같은 집단을 대상으로 2번 이상 같은 게임을 반복했을 때 점점 더 좋은 아이디어를 도출해내는 결과가 있었습니다.

사업의 성공 요인으로 많은 사람이 아이템이나 기술, 자본력을 최우선 순위로 꼽습니다. 스탠퍼드 대학은 이런 고정관념을 깨기 위해 값싼 노란 고무줄을 활용해 사업으로 바꾸는 고무줄 프로젝트를 진행합니다. 카드 하나만 봐도 아이디어는 무궁무진합니다. 그림을 예쁘게 그려 넣기, 글씨를 멋지게 써보기, 기존에 카드를 주고받지 않았던 행사나 이벤트에 카드를 제공하기, 카드 서비스 기능을 새롭게 설계하기 등이 가능합니다.

저는 이 게임을 진행할 때마다 한 번에 4, 5팀의 전략이 다 같은 경우를 본 적이 없고, 학생들이 만들어내는 카드의 아이디어가 저마다 달라서 흥미로웠습니다. 특히 초반에는 재료를 다양하게 준비하다가 뒤로 갈수록 재료를 단순화했는데, 오히려 재료를 단순화할수록 아이디어가 더 창의적이었습니다. 간혹 어떤 강사들은 자발적으로 예쁜 장식품을 가져옵니다. 비즈라던가 반짝이 공예품들을 가져오기도 하는데, 이런 경우는 아이들이 수공예 기술로 승부를 보려고 해서 아이디어가 더 빈약해지는 결과를 보았습니다. 제한적인 재료와 요소들로부터 창의적인 아이디어가 나온다는 것은 이 게임을 통해서도 증명되었습니다. 지금 당장 아이와 해볼 수 있는 놀이를 소개합니다.

크리에이티브 챌린지 12 : 크림슨 그리팅

1. 아이가 좋아하는 물건을 하나 정합니다. 이 물건을 팔려면 회사를 만들어야 한다는 것을 설명하고, 가상 회사를 만들어봅니다.
2. 회사 이름을 정하고 왜 그런 이름을 지었는지, 어떤 회사가 좋은 회사인지 아이와 이야기를 나눠보세요. 아이가 커서 어떤 회사에서 무슨 일을 하고 싶은지도 물어봅니다.
3. 팔려는 물건의 장점이 무엇인지 생각해보게 하세요. 물건을 어떻게 홍보하면 좋을지 광고 전단지나 회사 간판을 함께 만들어봅니다.

부정적인 생각과 고정관념을 깨라

자식들을 키우면서 잘한 적도 있지만, 가슴 치며 후회되는 일도 있습니다. 저는 작은 딸에게 상처를 준 일이 아직까지도 미안합니다. 저의 두 딸은 성향이 많이 다릅니다. 큰애는 털털하고 시원시원한 성격에 둘째만큼 고집이 센 편이고, 작은애는 섬세하고 완벽주의 성향을 가진 모범생 스타일입니다(고등학교에 진학하고 춤춘다고 학업을 놓긴 했지만). 두 아이가 시험을 보면, 언제나 작은애 점수가 더 높았습니다. 보통은 작은애를 더 칭찬할 것 같지만, 저는 그렇지 않았습니다.

수학 점수가 아쉬운 큰애에게 말했습니다. "너는 수학을 잘하지만 문제 풀이를 할 시간이 충분하지 않아서 이런 결과가 나온 거야. 다음에는 문제를 충분히 더 많이 풀어야 해." 작은애는

100점을 맞아도 이렇게 말했습니다. "이번엔 운이 좋아서 만점을 받은 거야. 다음에는 조금 더 깊이 있게 공부하도록 해."

그 당시 제가 보기에 큰애는 이과형 두뇌를 가지고 있었고, 작은애는 문과형 두뇌가 더 뛰어났습니다. 그리고 작은애는 워낙 모범생이다 보니, 더 자극하면 많이 발전할 수 있을 것 같았습니다. 이런 과정들을 반복하면서 아이들은 어떻게 변했을까요? 큰애는 수학에 언제나 자신감이 넘쳤고, 작은애는 수학을 완전히 포기하게 되었습니다. 큰애는 수학을 잘해야 갈 수 있는 대학에 진학했고, 작은애는 수학 점수가 반영되지 않는 방식으로 대학에 진학했습니다. 저의 고정관념이 자식들에게 얼마나 큰 영향을 미치는지 깨달았습니다.

당신은 아이에게 어떤 고정관념을 가지고 있나요? 그리고 거기에 얽매여 아이를 판단하고 있지는 않나요? 아이에게 어떤 고정관념을 가지고 있는지 말해보라고 하면 잘 말하지 못할 것입니다. 그런데 당신의 아이에게 절대 일어날 수 없는 일이라든지 아이에게 터무니없어 보이는 일들을 적어보라고 하면, 몇 가지 생각날 것입니다. '우리 아이는 사회성이 다소 부족하니까, 영업직보다 연구직이 맞을 거야.', '우리 애는 끼가 없어서 예술을 하거나 연예인을 한다고 하면 뜯어 말려야지.' 불가능하다고 생각하고, 함부로 단정 지어온 것들이 모두 고정관념에서 비롯됐다는 것을 알 수 있습니다.

고정관념은 보통 경험이나 지식에서 나옵니다. 세계 최고의 전문가들이 하는 미래 예측도 오랜 경험과 지식에서 나옵니다. 그래서 우리는 창의적인 아이디어를 얻으려면 이런 일반적인 지식이나 전문가의 의견, 사회적 통념에 의문을 가져야 합니다.

뛰어난 아이디어는 제약이 많은 상황에서 더 잘 나온다고 했습니다. 어차피 현실은 문제투성이입니다. 문제 상황을 회피할 것이 아니라 아이디어를 떠올리기 위한 기회로 삼아야 합니다. 그것을 알려주는 것이 '최고의 레스토랑' 프로그램입니다. 현재 상태에 의문을 제기하고 문제를 해결하겠다고 생각하면, 얼마든지 다음 단계로 도약할 수 있습니다. 과거에 문자를 주고받던 시절에 문자 1건당 글자 수가 정해져 있었습니다. 이런 제한된 글자 수는 자의 반, 타의 반으로 글을 함축적으로 쓰게 했습니다.

사업에서도 이런 고정관념과 제한 상황들을 아이디어로 바꾼 사례가 많습니다. 틈새시장을 잘 이용한 비즈니스 모델이 그렇습니다. 대기업이 독점하고 있는 사업 영역 중에서 중소기업이 틈새를 파고들어 사업을 성공적으로 안착시킨 회사들이 점점 많아지고 있습니다.

우리가 생각하는 세계 최고의 호텔은 어떤 모습인가요? 좋은 위치, 쾌적한 건물, 친절한 직원, 화려한 로비, 객실의 쾌적함과 끝내주는 인테리어, 잘 갖추어진 편의시설 등의 요소들로부터 좋은 호텔이라는 것을 유추할 수 있습니다. 이번엔 이런 조건들이 갖춰지지 않은 터무니없는 호텔을 떠올려보세요. 열악한 조건들이 말도 안 된다고 생각하게 된 데는 많은 고정관념이 숨어 있습니다.

최고의 레스토랑 수업은 고정관념들을 뒤집어보는 활동을 합니다. 먼저 2~5명 정도의 아이들을 한 팀으로 구성하고, 팀별로 아이들에게 최고의 레스토랑을 차리게 합니다. 어디에 레스토랑을 차리고, 이름은 무엇으로 하고, 무슨 음식을 팔지 메뉴 선정을 합니다. 다른 식당과의 차별점도 생각해보게 합니다. 반대로 최악의 레스토랑이라 불릴 수 있는 10가지 제한 상황을 생각해보게 합니다. 가령 바퀴벌레가 득시글거린다든지, 식당에 직원이나 요리사가 없다든지, 스테이크가 주 메뉴인데 고기를 쓰지 않는다든지, 어른들은 손님으로 받지 않는다든지 등을 들 수 있습니다. 이런 나쁜 조건에서 살아남을 수 있는 레스토랑을 차리게 합니다. 가능하면 나쁜 조건을 개선시키지 않고, 그 상태로도 손님을 끌 수 있는 다양한 아이디어를 나오게 하는 것입니다.

저는 이 2가지 레스토랑의 결과물을 벽에 붙이고 아이들이 비교하게 합니다. 제한 상황이 존재하기 이전에 나온 결과물과 제한 상황을 극복해낸 결과물의 차이를 직접 볼 수 있도록 말입니다. 아이들은 10분간 경험한 아이디어의 변화 과정에 놀랍니다. 자신이 만들어낸 결과물을 보고, 자신이 충분히 창의적인 아이디어를 낼 잠재력이 있음을 확인했으니까요. 처음에 고안한 레스토랑과 고정관념을 뒤집어버린 레스토랑을 비교해보면 거의 모든 학생이 감격에 겨워합니다. 자신이 전혀 생각하지 못했던 기회를 잡아냈다는 느낌까지 든다고 합니다.

수업에서 나온 많은 사례들은 실제로 사업을 진행해도 될 정도로 좋은 아이템들이 많았습니다. 이렇게 고정관념을 뒤집어서

성공한 창업을 혁신창업이라고 부릅니다. 가령 빵을 만들기 위해 가장 필요한 것은 밀가루, 우유, 계란입니다. 그런데 이 핵심 재료들을 빼고 빵을 만든 기업이 있습니다. 바로 빵어니스타 회사의 비건 베이커리입니다.

빵어니스타는 밀가루 대신에 쌀가루를, 그리고 우유와 계란 없이 빵을 만들어서 비건 베이커리라는 것을 우리 생활에 들여온 회사입니다. 체질적으로 밀가루와 우유, 계란이 맞지 않았던 아내가 개발한 레시피를 바탕으로 창업한 이철우 대표는 세간의 고정관념을 뒤집어서 혁신창업을 성공시켰습니다.

당신의 아이가 고정관념에 매여 있지 않은지 한 번 물어보세요. "○○(이)가 가장 좋아하거나 재미있는 것은 무엇이니?", "누가 가장 행복한 사람일까?" 어쩌면 큰 집에 살거나 돈이 많은 사람이라고 답할지 모릅니다. 그런데 뉴스만 보아도 부와 명예를 가진 사람이 종종 불행한 선택을 하기도 합니다. 반면 어려운 위기를 기회로 삼아 성공한 사람들도 많습니다. 이렇듯 모든 것은 상대적이라는 것을 알려주세요. 아이가 가진 특성이 강점이 될지, 약점이 될지는 아이의 행동과 선택에 달렸다는 것을 이 수업을 통해 알려줄 수 있습니다.

크리에이티브 챌린지 13 : 최고의 레스토랑

1. 아이에게 함께 가본 식당 중에서 가장 좋았던 곳을 떠올리게 하고, 왜 좋았는지 적어보게 하세요.
2. 아이에게 가장 나쁜 식당의 조건을 적어보게 하세요.
3. 가장 나쁜 식당의 조건들을 어떻게 장점으로 바꿀 수 있을지 아이와 이야기를 나눠보세요.
4. 1번에서 적은 좋은 식당의 조건과 3번에서 개선된 아이디어를 같이 놓고 비교해봅니다.

크리에이티브 챌린지 14 : 부정의 꼬리표 떼기

1. 아이에게 마음에 상처를 준 다른 사람의 평가가 있었는지, 있었다면 그것이 무엇인지 물어봅니다. 가령 누군가 고집불통이라고 했다든지, 1가지를 진득하게 하지 못한다고 했다든지 등이 있겠지요.
2. 아이에게 '어른들이 고정관념을 갖게 되는 이유'와 '고정관념을 깰 수 있는 방법'을 작성해서 2가지 결과물을 벽에 붙이고 비교해봅니다.
3. 이런 평가가 아이의 어떤 부분을 말하고 있는지 같이 생각해봅니다. 그리고 이 부정적인 평가를 긍정적인 단어로 바꿔보세요. 가령 고집불통은 주관이 뚜렷하거나 의지가 강한 것으로 볼 수 있습니다. 1가지를 오래 하지 못하는 것은 다양한 분야에 흥미가 많아서일 수 있습니다.

※ 이 활동의 목적은 아이가 자신에게 붙인 부정적인 꼬리표를 떼어주는 것임을 부모가 인지해야 합니다.

• 포스트잇 브레인스토밍 •

불평을 스스로 해결하는 법

"자, 지금부터 팀 활동을 위해서 5개 조로 나누어야 합니다. 시간관계상 제가 빠르게 배정할게요. 제가 지금부터 하는 행동은 팀을 5개로 나누기 위한 것입니다. 1, 2, 3, 4, 5. 그 다음 숫자는 무엇일까요?"

3시간 동안 프로그램을 진행하려면 시간이 빠듯해서 조를 짤 때 주로 숫자 모으기를 합니다. "1, 2, 3, 4, 5, 그 다음 숫자는 무엇일까요?" 저는 5개 조를 짤 것이라고 힌트를 주었습니다. 학생들은 대부분 5의 다음 숫자인 6을 말합니다. 그러면 저는 "땡!" 하고 틀렸다고 합니다. 학생들은 7, 8, 9 등 다양한 숫자를 계속 말합니다. 그러다 갑자기 누군가 "1"이라고 하면 "정답!"이라고 말하고 칭찬합니다. 저는 아이들에게 들어가고 싶은 팀의 숫자를 말하라고 한 것입니다.

그러면 학생들이 하나둘씩 저의 방식을 이해하고, 1, 2, 3, 4, 5 가운데 하나를 말하기 시작합니다. 그리고 본격적인 조짜기 활동으로 들어가는데, 여전히 이 방식을 이해하지 못하는 학생들이 있습니다. 하지만 신경 쓰지 않는 척하고 진행합니다. 이해하지 못한 학생들은 자신이 말할 순서가 왔을 때 틀린 숫자를 말하거나 고민하다 아무 답도 하지 못합니다. 틀리거나 말하지 못하는 아이들에게 제가 맞는 숫자를 알려주면, 그 학생은 눈이 동그래져서 저를 바라봅니다. 이때 학생들은 제 의도를 이해하기 위해 순간적으로 집중합니다. 머리를 쓰지 않으면 안 되겠다는 생각이 드는 것입니다.

조짜기 시간 내내 여기저기서 "아" 하는 각성의 소리가 들립니다. 스탠퍼드식 창업교육은 이런 식으로 진행됩니다. 대상의 연령과 다양성에 따라 난이도를 조절하지만, 가능하면 열린 질문을 먼저 던지고 시작합니다. 우리나라 학생들은 질문을 싫어하는 편입니다. 그래서 질문을 던지고 반응을 본 뒤, 얼른 답을 알려주고 제가 질문한 의도를 눈치 채게 합니다. 창업교육은 생각하는 방법을 가르치는 교육이기 때문에 먼저 행동하고, 생각은 스스로 하도록 이끕니다.

효과적인 공동사고를 하려면 브레인스토밍이 중요합니다. 브레인스토밍은 한국에 도입된 지 오래되었고, 그만큼 다양하게 쓰이고 있습니다. 그러나 한국에서는 기대만큼 효과가 잘 나타나지 않는 기술 중 하나입니다. 디자인씽킹은 브레인스토밍의 결과에 달려 있다고 할 정도로 이 기술이 중요한데 말이지요. 제가 이것을 한국에서 진행해보면서 알게 된 몇 가지가 있습니다.

디자인씽킹이든, 브레인스토밍이든 교육을 시작하기 전에 공간에 대한 세밀한 변화가 있어야 한다는 것입니다. 티나 실리그 교수는 교육이 이루어지는 환경에 대해 많이 이야기하는데, 근본적으로 책상이 일렬로 나열된 환경에서는 절대 창의적인 아이디어가 나오지 않는다고 합니다. 구글의 사무실 환경이 그토록 독특한 데는 교수의 이런 철학이 들어가 있습니다.

그래서 저는 수업하기 전에 벽에 전지를 붙입니다. 그리고 가능하면 책상을 밀거나 옮겨서('조별 활동 책상 배치'라고 하면 학생들이 잘 알아듣습니다) 서로를 마주 보고 앉도록 책상을 배치합니다. 그리고 모두 일어서서 주어진 벽 앞에서 활동하게 합니다. 제가 '교실의 문제점 찾기'와 같은 문제 상황을 주면, 팀원들은 포스트잇 1장에 매직으로 해결책을 적어 전지에 붙입니다. 적는 내용은 가능한 한 헤드라인 수준의 짧은 글이어야 하고, 팀당 의견은 많이 적을수록 좋습니다.

그런데 몇 번 주의를 주어도 학생들이 꼭 책상에 전지를 펼쳐놓습니다. 벽 앞에 가서 모여 있으라고 말해야 겨우 나갈 때가 많습니다. 아이디어를 위한 공간이 클수록 좋은 아이디어가 많이 나오는데, 학교는 보통 교실 한 면이 유리창으로 되어 있어서 교실의 두 면만 써야 할 때가 많습니다. 그래서 전지를 가로로 쓰지

못하고 세로로 세워야 하는 것이 안타깝습니다. 경험상 전지를 가로로 붙일 때 아이디어가 더 많이 나옵니다. 작은 차이만으로 결과물이 이렇게 다릅니다.

이 프로그램을 진행할 때 또 중요한 것이 '맞아! 그리고' 정신입니다. 브레인스토밍의 대원칙은 서로의 의견을 판단하지 않는 것입니다. 그래서 제시하는 것이 일종의 놀이처럼 내뱉는 대사인데, 누군가 의견을 내면 무조건 "맞아. 그리고…"라고 대답하는 것입니다. 보통 우리는 "그래?", "그런데…"라는 말에 더 익숙합니다. 의식적으로 '맞아'와 '그리고'를 자꾸 연습하면 어떤 일이 벌어질까요? 고정관념을 깰 수 있습니다.

게임할 때 주의할 점은 자기의 생각만 포스트잇에 적어선 안 된다는 것입니다. 그렇다고 각자 1, 2장씩 적어서 붙이면 같은 의견이 반복됩니다. 그래서 팀원 중 1명이 매직과 포스트잇을 가지고 서로의 의견을 모아 적습니다. 즉, 1명은 의견을 듣고 그것을 포스트잇에 적어 입 밖으로 말하면서 전지에 붙입니다. 나머지는 "맞아. 그리고"라고 말하며 아이디어를 계속 냅니다. 이 자체가 아이디어가 융합되는 과정입니다.

마지막 난관이 하나 더 남았습니다. 제대로 된 문제 정의입니다. 가령 교실의 문제점을 찾는 것을 주제로 브레인스토밍을 하면 거의 같은 문제점들이 나옵니다. 의자가 불편해서 강의에 집중할 수 없다고 합니다. 어디를 가서 진행해도 거의 같은 답이 나옵니다. 이럴 때 과연 의자라는 주제가 문제가 되는 것인지, 강의 내용이 문제가 되는 것인지 더 파고들어야 합니다. 의자를 주제로 정하면 의자의 위치가 문제인지, 형태가 문제인지, 아니면 가방을 놓을 데가 없다든지, 책상과 부조화되기 때문인지 깊이 파고들어야 합니다.

만약 강의 내용이 문제라면 수업 방식이 문제인지, 수업 시간이나 강사의 문제인지를 더 자세히 따져서 해결책에 접근해야 합니다. 한 번은 의자 문제를 해결하는 과정에서 스탠딩 수업이라는 해결책이 나왔습니다. 학생 전부가 일어서거나 바닥에 앉아서 하는 수업이 되자 갑자기 수업 분위기가 좋아지고, 더 발전된 아이디어를 내놓기 위해 학생들이 열정적으로 참여했습니다. 문제를 정확히 파악할수록 더 좋은 해결책이 나오는 법입니다.

진행자는 주제에 맞는 아이디어를 발산하기 위해 중간마다 질문을 던져줘야 합니다. 브레인스토밍에 참가하는 학생들은 경험이 많지 않아서 아이디어가 거의 비슷합니다. 진행자는 문제의 범주를 바꾸는 질문을 의도적으로 해서 제한 시간에 학생들이 아이디어를 더 쏟아낼 수 있도록 이끌어야 합니다.

가령 강의실 의자에 대한 문제를 정의할 때, '1,000만 원으로 의자를 만든다면'이라는 가정을 의도적으로 끌어내서 5~10분 정도 아이디어를 더 발산시킬 수 있습니다. 또는 '돈이 없다면', '달에서 의자를 사용한다면', '수영장 의자였다면' 등의 아이디어를 촉발시키는 추가 질문을 제때 던져주면 됩니다. 터무니없는 가정일수록 생각지 못한 아이디어들이 나오고, 나쁘거나 틀린 아이디어는 없다는 것을 알 수 있습니다.

여럿이 브레인스토밍을 할 때 전체 과정은 1시간을 넘지 않게 해야 합니다. 각 팀원은 최대 8명으로 유지합니다. 이 프로그램을 통해 여럿이 모이면 더 창의적인 아이디어가 나올 수 있다는 것을 배울 수 있고, 포스트잇 자료들은 언제든 다시 꺼내볼 수 있어서 더 좋습니다. 과거에 터무니없다고 생각했던 일부 아이디어가 어디선가 실현되고 있을 수 있고, 앞으로 전도유망한 아이디어로 발전할 수 있습니다.

브레인스토밍은 제대로만 한다면 빤한 대답을 넘어서 흥미롭고 독창적인 해결책을 찾게 하는 데 큰 도움을 줍니다. 많이 연습해서 아이가 이 방법에 익숙해지면, 우리 아이는 이 원칙을 이용해서 많은 창의적인 아이디어를 낼 수 있는 강력한 마법을 가지게 됩니다. 아이와 지금 해볼 수 있는 놀이를 함께 소개합니다.

크리에이티브 챌린지 15 : 포스트잇 브레인스토밍

1. 아이와 함께 문제점들을 찾아봅니다. 가령 방 청소가 힘들다든지, 아침에 일찍 일어나기 힘들다든지, 학원 가기가 싫다든지, 숙제를 하기가 벅차다든지 등이 나올 수 있습니다.
2. 청소가 힘든 이유, 아침 기상이 힘든 이유, 학원가기 싫은 이유, 숙제하기가 벅찬 이유를 포스트잇 1장에 1가지씩 써서 벽에 붙입니다. 아이디어는 1인당 최소 10개 이상 씁니다.
3. 그중에서 가장 시급하게 해결해야 한다고 생각되는 문제를 뽑아서 개선할 수 있는 방법을 찾아 다시 포스트잇에 적어나갑니다. 해결책은 뉴스 헤드라인 정도 길이로 짧게 정리합니다.
4. 브레인스토밍이 끝나면 문제해결에 가장 큰 영향을 미친 아이디어 옆에는 붉은 별 스티커를 붙이고, 당장 실행 가능한 아이디어 옆에는 파란 별 스티커를 붙이고, 재밌는 아이디어에는 노란 별 스티커를 붙여봅니다. 브레인스토밍에 참여한 아이의 모든 의견에 관심을 표현하는 좋은 방법입니다.

6장

2030년 우리 아이 미래, 어떻게 대비할 것인가

국내 시장만 바라보면 10년 뒤 아이들의 미래는 처참합니다.

국가와 회사가 개인의 인생을 책임지는 시대는 지났기 때문입니다.

하지만 글로벌 역량만 있으면 휴양지에서 비즈니스를 펼칠 수도 있습니다.

그것이 4차 산업혁명의 힘입니다.

"선생님,
그게 제 맘대로 되는 게 아니라서요!"

두 아이가 고등학교에 입학할 때까지 학업에 관해서 별로 스트레스를 받지 않았습니다. 고집을 많이 부려서 속상한 적은 있어도 시험 성적은 언제나 기대보다 잘 나와서 그것으로 위안을 삼았습니다. 오죽하면 아이들에게 "내가 너희를 키우면서 좋았던 적은 중간고사와 기말고사 2번씩, 1년에 딱 4번이야."라고 말했으니까요. 그런데 고등학교에 입학하면서 문제가 생겼습니다.

큰애가 자율형 사립고등학교인 하나고에 1차 합격했다가, 최종 탈락했습니다. 일반고에는 진학하지 않겠다는 아이를 어르고 달래서 겨우 입학시켰습니다. 아이는 입학 우수자로 선정돼 학교 대표로 입학식 때 발표했는데, 전교생의 주목을 받아서인지 심사가 더욱 뒤틀린 것 같았습니다. 중요한 시기에 아이는 학업에 집중하지 못했고, 방황했습니다. 결국 고1 때 미국에 교환학생을 보내고 겨우 한숨을 돌릴 무렵, 작은애가 국제고에 합격했습니다. 너무나 기뻤지만 큰애의 방황에 쩔쩔매느라 작은애에게 신경 써 주지 못했습니다.

작은애가 고등학교를 입학하고 첫 중간고사를 치렀습니다. 중학교에서 늘 상위권 성적을 유지해서 특목고에 진학할 수 있었지만, 거기에는 전부 성적이 우수한 학생들이 모였기 때문에 일반고처럼 월등한 성적이 나오기 힘든 구조였습니다. 보통 전교 1등이 1.7등급 정도 나온다고 했습니다. 이마저도 성적 변동이 심하다는 이야기를 익히 들어서 긴장하고 있었습니다. 하지만 아이가 그동안 잘해왔기에 알아서 잘할 것이라는 막연한 기대감이 있었습니다. 그래서 첫 학부모 상담의 결과는 더욱 충격적이었습니다.

작은애의 담임선생님은 고3 부장교사 출신으로, 특목고에서만 오래 근무한 이력이 있었고 많은 아이들을 명문대에 보낸 유능한 선생님이라고 했습니다. 번호순으로 상담이 시작됐습니다. 먼저 교무실에 들어갔다가 나오는 엄마들의 표정이 말이 아니었습니다. 울고 나온 사람이 태반이었고, 복도에 나와 펑펑 우는 학부모도 있었습니다. 제 차례가 왔습니다.

"이대로 대학 절대 못 갑니다."

담임선생님은 무심한 표정으로 아이의 성적을 보여주었습니다. 아이는 중간 정도, 즉 5등급의 성적이었고 담임선생님은 대학을 보내기 힘들겠다는 말로 이야기를 시작했습니다. 언제나 우수하다고 칭찬받던 아이는 한순간에 모자란 것투성이인 아이가 되어버렸고, 선생님은 제게 왜 수학을 선행학습시키지 않았냐고 다그쳤습니다. 심장이 쿵 내려앉았습니다. 다른 학부모들이 울고 나오는 것이 충분히 이해되었습니다. 선생님의 태도와 상담 내용은 정말로 무심하고 무책임하기 그지없었습니다.

국제고에 아이를 진학시킨 부모들은 어느 정도 공통된 성향이 있습니다. 바로 공교육의 힘을 믿는 편이라는 점입니다. 아이들도 사교육을 많이 받기보다 자기주도적으로 공부해온 학생들이 많습니다. 저희 두 아이는 사교육을 전혀 받지 않았고 혼자서 공부하는 스타일이어서 외고보다 국제고로 진학시켰던 것입니다. 그런데 마치 제가 아이를 잘못 기른 것처럼 선생님은 저를 나무라는 것입니다.

담임선생님의 논리라면 아이는 학교를 자퇴하는 것이 맞습니다. 검정고시를 치거나 일반고로 전학을 가야 합니다. 아이는 열심히 공부했으니 죄가 없고, 중학생 때 고등학교 과정을 선행학습시키지 않은 제가 죄인이었습니다. 담임선생님은 작은애가 절대로 스카이를 갈 수 없다고 단언했습니다. 그것도 수학 때문에 말입니다.

저와 남편은 수학을 전공했습니다. 주변에는 거의 수학교사거나 수학과 교수를 하면서 수학으로 먹고사는 사람들이 많습니다. 저도 수학을 10년 정도 가르쳤고요. 수학 성적이 갑자기 향상되기 힘들다는 것을 누구보다 잘 알고 있습니다. 그래서 아이가 수학을 싫어한다고 했을 때 저는 차라리 더 잘하는 과목의 경쟁력을 키우는 것이 낫겠다고 생각해서 어문 계열 특기를 살려 국제고로 진학시켰습니다. 그런데 단지 수학 성적이 우수하지 못하다는 이유로 아이의 미래를 단정 지어버리니, 누구보다 화가 치밀었습니다.

저는 어떤 대안도 제시하지 않는 학교와, 아이와 부모를 무시하는 담임선생님의 태도에 참을 수가 없었습니다. 최대한 화를 가라앉히고 침착하게 말했습니다.

"담임선생님이 수학 교사면 아이가 수학 점수를 올리도록 방법을 알려줘야지, 3년 뒤의 입시 가능성을 아예 말살하는 것이 올바른 태도라고 생각하세요?"

저의 말과 태도에 선생님은 꽤 충격을 받았습니다. 당당하게 항의하는 제 모습에 선생님은 어처구니없어 했고, 기가 막힌 듯이 보였습니다. 저의 이런 태도는 학교 선생님과 학부모들 사이에서 금세 소문났습니다. 다른 엄마들은 자신이 못다 한 이야기를 제가 해주었다고 너무나 속 시원해했습니다. 저는 학부모들의 지지를 받아 학부모 회장직을 맡게 됐고, 학교 선생님들은 작은애가 졸업할 때까지 저를 불편해했습니다. 저도 자식 맡긴 죄인인지라 제 성질대로 다 하지 못했음에도 불구하고 말이지요.

선생님들의 이런 행동들은 사실 오랜 경험에서 나온 것입니다. 이해 못할 일도 아닙니다. 보통 자신의 선입견과 예견이 거의 들어맞았기 때문에 단언할 수 있었던 것이겠지요. 그렇다고 아이들이 첫 시험 결과만으로 3년 뒤가 결정된다면 학교를 다닐 필요가 있을까요? 그저 한 번의 시험이고, 공부가 인생의 전부가 아니라고 말해왔지만 실상은 아니었던 것입니다.

선생님은 이번 기회를 채찍으로 삼아 아이가 수학 공부를 더 열심히 하게 하려는 의도로 말했을 수 있지만, 이런 방식은 아이에게 전혀 도움이 되지 않습니다. 작은애가 공부를 아예 안 했으면 선생님의 이런 충고는 유용했을 수 있습니다. 하지만 그 애는 누구보다 열심히 공부했고, 학교는 그런 아이에게 공부로 더 잘될 확률이 희박하다고 못 박아 말한 것이지요. 이런 상황에서 제가 과연 무엇을 해야 했을까요?

한국 학생들에게 수학 성적은 마치 숙명과도 같습니다. 수학을 못한다고 하면 다 부모 책임입니다. 부모가 수학을 못했을 확률이 96%이고(1등급 커트라인인 4%를 제외한 숫자), 사교육을 미리 시키지 않은 무책임함을 증명하는 일이 됩니다. "대학은 수학 실력이 결정하고, 인생은 영어 실력에 달렸다."는 어느 학원의 광고문안은 절대 과장이 아닙니다. 하지만 수학은 인생을 사는 데 크게 중요하지 않습니다. 지금은 수학에 흥미를 못 느끼는 아이도, 필요해지면 곧잘 배우는 학생들을 많이 보았습니다. 전혀 걱정할 필요가 없습니다. 저희 작은애는 흔한 모의고사 한 번 안 풀고 보란 듯이 대학에 당당하게 입학했거든요. 어떻게 그럴 수 있었을까요?

우리 아이 창업교육으로 대학 보내기

얼마 전에 시어머니의 초상을 치렀습니다. 남편과 저는 대학 동기로, 대학 동문들과 다같이 친구입니다. 사느라 바쁘다는 핑계로 얼굴도 못 보고 사는 동안, 훌쩍 커버린 작은애를 처음 보는 친구들도 있었습니다. 아이가 와서 성균관대에 재학 중이라고 소개하자, 예의상 공부 잘했다는 칭찬이 들렸습니다. 다소 민망해진 저는 고등학교 때 모의고사 한 번 안 풀고 아이가 대학에 가서 크게 힘 들이지 않았다고 말했습니다. 친구들은 하나같이 눈이 커졌습니다. 우리나라 입시에서 모의고사 한 번 안 풀고 어떻게 대학을 갈 수 있냐는 놀라움었습니다.

학생부종합전형이 우리나라에 들어온 지 많은 세월이 지났습니다. 그런데 아직도 세상은 문제 풀이에 몰두하고 있습니다.

인터넷 댓글을 보면 '수시 폐지', '정시 100%'라고 외치는 사람들이 많은데, 이는 수시의 장점을 완전히 무시한 논의라고 생각합니다. 저도 수시의 어려움은 익히 알고 있습니다. 내신 성적이 한 번만 엉망으로 나와도 회복시킬 수 없는 지금의 시스템은 개선되어야 합니다. 자녀를 키우는 부모 된 마음에서 왜 정시 100%를 요구하는지도 잘 알고 있습니다. 하지만 창업전문가로서 수시가 완전히 폐지가 되어서는 안 된다고 생각합니다.

학부모들에게는 여전히 아이가 어느 대학을 가느냐가 매우 중요하지만, 대학생들의 취업과 창업을 돕고 있는 저는 대학 이후의 진로가 더 중요하다는 것을 알고 있습니다. 저는 1990년대에 학력고사를 보고 입학 배치표에 선을 그어서 대학에 간 경우입니다. 그 당시 수학과는 과외 금지가 폐지되면서 인기가 치솟은 학과로, 의과대 다음으로 커트라인이 높은 편이었습니다. 배치표를 보고 트렌드를 따라 간 수학과는 제 적성과 전혀 맞지 않았고, 그랬기 때문에 대학 생활이 힘들었습니다.

저의 이런 경험은 자연스럽게 진로와 진학을 컨설팅하는 길로 들어서게 했습니다. 우리나라에 진로교육이 정착된 지 10년이 가까워지는 지금, 대학 졸업을 앞둔 학생들이 진로 선택 때문에 방황하는 것을 보면 절대로 '정시 100%'가 돼서는 안 된다는 생각이 확고해집니다. 처음에는 대학들도 교육청 지원금을 받기 위해 입학사정관 제도를 도입했지만, 대학이 수시전형을 끝까지 포기하지 못하는 이유는 따로 있습니다.

각 대학의 통계 자료에 따르면 정시로 들어온 학생들은 자퇴율이 가장 높습니다. 학생부종합전형으로 들어온 학생들은 자퇴율이 낮고 학점이나 취업률이 높기 때문에 대학들도 점점 이 전형을 고수하거나 늘리는 실정입니다. 수시전형이 부정 입학의 가능성을 높인다고는 하지만, 이것은 개선하거나 보완해야 할 부분이지 폐지의 근거가 될 수는 없습니다. 그럼에도 주변 지인들을 보면 아직도 진로 부분은 신경 쓰지 않고, 주요 과목의 성적에만 매달리는 사람들이 많습니다.

주요 과목을 잘하면, 특히 수학 성적이 좋으면 입시에서 매우 유리합니다. 상위권이라면 영재고나 과학고 루트를 타서 서울대나 카이스트에 비교적 쉽게 안착할 수 있습니다. 수학은 전체 과목에서 가중치가 높기 때문입니다. 하지만 앞서 언급했듯이 수학을 잘해서 얻는 이점은 입시에만 유리할 뿐, 실제 자신의 인생에서라든지 타 전공을 공부하는 데는 크게 도움이 되지 않습니다.

아시다시피 작은애는 수학이 걸림돌이었습니다. 저는 아이의 강점을 극대화할 계획을 세웠고, 그 근간에는 창업교육이 있었습니다. 아이에게 창업에 관해 알려주었더니 아이는 비교적 일찍 경영학에 관한 최소한의 지식을 익혔습니다. 경영이 무엇인지 알고 나서 전공을 경영학과로 선택했습니다. 만약 우리 아이에게 수학 실력을 보충해주려고 했다면, 성균관대 진학은 꿈도 못 꾸었을 것입니다. 지금 아이는 대학에 가서 물 만난 고기처럼 공부하고 있습니다. 원래 하고 싶은 것이 뚜렷하게 있었던 아이는 아니지만, 자기가 무엇을 공부할지 알고 나서 선택한 거라 후회도 덜한 것입니다.

제가 아이의 진학에 이런 도움을 줄 수 있었던 것은 제가 EBS에서 학생부종합전형에 대해 강의한 경험이 있기 때문입니다. 이 전형으로 대학 진학에 성공하려면 아이가 스스로 진로나 강점에 대한 이해, 전공에 관한 비전이 명확하게 있어야 한다는 것을 누구보다 정확히 알고 있었습니다. 이것은 비단 입시에만 필요한 것이 아니라 인생에서 진로를 선택해야 하는 시기가 왔을 때 반드시 고려해야 하는 요소입니다.

물론 제 아이가 수학 실력이 좋았다면 더 좋은 대학을 갈 수 있었겠지요. 하지만 자신이 하고 싶은 것에 대한 이해와 자신이 택한 진로를 정해서 살아갈 수 있는데, 굳이 대학의 레벨에 목숨을 걸 필요가 있을까요? 현재 지망하고 있는 대학이 있다면, 왜 그 대학이어야 하는지에 대한 이해가 먼저 필요합니다. 학교의 레벨을 높이는 노력도 중요하지만, 대학에서 하고 싶은 것이 명확하면 대학 졸업 이후의 삶에 대해 관심을 가지게 될 것입니다.

진로의 시작과 끝에는 창업이라는 선택지가 있습니다. 현재 창업교육의 많은 내용은 학생부종합전형에서 유용하게 쓰일 수 있습니다. 대학 전공에서도 중요하게 쓰일 수 있고, 창업 경험을 하고 나면 취업할 때도 이력서에 훌륭한 내용을 담을 수 있습니다 얼마 전 대기업 인사 담당자들이 창업 스펙을 선호하지 않는다는 조사결과가 있었지만, 조사 항목의 타당성 검증이 논란이 되고 있으므로 추후 추적 결과를 더 지켜보아야 합니다.

외국에서는 창업 경험에 대한 선호가 확실한데, 그것은 회사를 운영해본 경험이 사회생활에서 실제로 도움 되는 경력이기 때문입니다. 아이가 고등학교를 입학하고 첫 시험에서 5등급을 받아도 기죽지 않았던 것은 그 무렵 아이를 성적으로만 평가해서는 안 된다는 저의 신념이 생긴 덕분이었습니다. 그리고 그런 신념을 관철하기 위해서 저는 창업교육을 선택했습니다.

인생을 살아가는 데 정말 필요한 것은 좋은 인성과 좋은 동료입니다. 부모가 이 2가지를 인지하고 있다면, 아이는 무기력에 빠지지 않고 인생을 행복하게 살 수 있습니다. 4차 산업혁명 시대에는 개인의 고립화가 고착되는 단계입니다. 인간이 집 밖에 나가지 않고도 생존할 수 있습니다. 이런 경우 인간의 사회적 본능은 억압을 당하고 있다가 때때로 폭력이나 무기력 등으로 표출되기도 합니다.

지금 당신의 아이가 어떤 상태이든 앞으로 가장 위험한 상황은 무기력증에 빠지는 것입니다. 사이코패스와 소시오패스가 극단적인 경우라면, 생각보다 쉽게 만날 수 있는 흔하고 무서운 증상이 바로 무기력증입니다. 성적으로 아이를 압박하면 무기력증이 생길 수 있습니다. 그 어떤 상황에서도 무기력한 학생만큼 무서운 것이 없습니다. 창업교육은 '할 수 있다.'는 마음을 개인에게 내재된 것 또는 개인이 타고나는 것으로 보지 않습니다. 누구나 학습하면 도전 의식이 높아진다는 것을 실천하는 교육입니다. 아이의 진로에 창업교육을 넣으면 아이의 미래가 바뀔 수 있습니다.

지금 시작하는 엄마표 미래교육

스탠퍼드식 창업교육은 삶을 변화시키는 방법을 구체적으로 제시합니다. 부모가 없더라도 아이가 홀로 어떻게 살아가야 할지 방향을 제시해줄 수 있습니다. 이토록 좋은 교육의 가장 큰 특징은 개인적인 능력과 상관없이 누구나 뛰어난 사고법을 배울 수 있다는 점입니다. 창업교육은 서로의 아이디어를 합치고 협동하는 과정에서 자연히 이 사고법을 배우도록 디자인되어 있기 때문입니다.

지능, 지식, 끈기, 의지력은 사람에 따라 가지고 있는 정도가 다 다릅니다. 누군가는 지능이 탁월하다면, 누군가는 지능보다 끈기가 뛰어날 수 있습니다. 하지만 팀으로 함께 움직이며 공동으로 사고하는 방법을 익히면 어떻게 될까요? 혼자서 해낼 수 없었던 것들을 해낼 수 있습니다. 즉, 거인의 어깨에 쉽게 올라탈 수 있게 됩니다.

그렇다면 이 교육을 어디서 진행할까요? 학부모들이 학교에 신청할 수도 있고, 학부모들이 아이들을 모아 진행할 수도 있습니다. 이런 경우 팀워크 활동이 가능한 팀원들을 어디에서 찾을지가 고민됩니다. 먼저 몇 가지를 체크해야 합니다.

- 아이의 언어 사용을 점검해봅니다. 아이가 평소에 "할 수 없어."라는 말을 자주 쓰는지, "한번 해보고 싶어."라는 말을 자주 쓰는지 말입니다. 만약 전자라면 언행을 의식적으로 바꿀 수 있도록 도와주세요. 매사에 도전하는 아이라면 분명히 좋은 팀원을 스스로 데리고 옵니다.
- 아이와 함께할 만한 팀원을 찾기 어렵다면, 부모가 나서서 친구들을 만들어주세요. 가급적 다양한 성향의 아이들이 함께하는 것이 좋습니다. 아이가 팀 활동에서 자신의 주장만 내세우지 않도록 가르쳐주세요. 1명이 고집을 부리면 팀원들은 다시는 그 애와 함께 놀지 않으려고 합니다.
- 팀을 짤 수 없는 경우, 평소 아이가 주변을 잘 관찰하고 아이디어를 낼 수 있도록 도와주세요. 부모가 아이와 대화를 많이 나눌수록 좋습니다. 아이는 창의적인 아이디어를 부모와 공유해서 좋고, 부모는 아이가 창의성이 뛰어난 자녀라고 평가하게 됩니다.

제가 창업교육을 하는 이유는 팀원들이 의사소통을 활발히 해서 팀 역량을 강화시키려는 목적도 있지만, 좋은 팀원을 찾는 과정을 알려주고 싶어서기도 합니다. 좋은 팀원들은 공동사고의 장점을 알고, 서로의 차이를 이해해서 협력해갑니다. 팀원들이 경쟁상대가 아니라는 것을 꼭 알려주셔야 합니다. 우리는 집단 토론을 할 때 흔히 상대방의 생각이 터무니없다고 생각하는 데서 반감을 가지게 됩니다. 그런데 창업교육을 받은 아이는 터무니없어 보이는 아이디어가 고정관념일 수 있다고 생각합니다.

그리고 고정관념을 파괴할 때마다 창의적인 사고로 도약하는 희열을 느낍니다. 이런 희열은 절대 잊을 수 없는 경험이어서 아이의 행동과 태도에 크게 영향을 미칩니다. 우리가 음악, 드라마, 영화, 독서 등 문화를 누리기 위해 기꺼이 비용을 지불하고 시간을 투자하는 것은 그 즐거운 감정이 우리를 창의적인 방향으로 이끌기 때문입니다. 팀원들과 함께 이런 공동사고를 자주 경험하면, 강력한 팀을 구성하는 힘을 얻을 수 있습니다.

"Out Think, Out Work, Out Care
뛰어나게 생각하라. 뛰어나게 일하라. 더 많이 관심을 가져라."

스탠퍼드 창립자이자 초대 학장인 제인 스탠퍼드가 만든 이 표어는 스탠퍼드가 얼마나 생각의 변화를 중시하는지 보여줍니다. 스탠퍼드는 기업가적인 사고 훈련에 많은 노력을 기울이고 있고, 바로 이 점이 스탠퍼드를 다른 교육기관과 구별되게 하는 큰 차별점입니다. 이런 창업교육을 우리 아이가 배우면 어떤 효과를 거둘 수 있을까요? 다음의 6가지로 요약됩니다.

- 사고의 가치를 이해합니다.
- 공동사고하는 과정에서 창의적 사고법을 훈련합니다.
- 더 나은 세상으로 바꾸고자 하는 이타적인 생각이 길러집니다.
- 고정관념을 깨는 과정을 통해 사고가 변화하는 즐거움을 맛볼 수 있습니다.
- 나의 생각에 다른 사람의 생각을 더해 시너지 효과를 낼 수 있습니다.
- 현실을 직시하고 현실에 입각한 생각을 할 수 있습니다.

빅데이터를 가진 혁신 IT 기업들이 기존 산업들을 블랙홀처럼 빨아들이고 있습니다. 지금의 변화 속도라면 앞으로 10년 뒤에 모든 기업이 사라지고 구글, 아마존, 페이스북, 넷플릭스, 애플, 에어비앤비, 디즈니만 살아남을 것 같다는 예측도 나오고 있습니다. 우리나라는 이 거대 기업들의 영향력을 아직 피부로 느끼지 못하고 있지만, 수년 안에 이 기업들에 대응하는 방법을 찾지 못한다면 경제적으로 심각한 위기 상황에 놓이게 될 것입니다.

지금 우리가 돌파구를 찾기 위해 북한과 교류하는 것도 비슷한 이유입니다. 남북한이 잘 협력해서 지금의 경제 위기를 헤쳐나간다 해도 글로벌 혁신 IT 기업과의 한판 승부를 피할 수 있을까요? 이러한 기업들에 관한 연구의 출발점으로 스탠퍼드식 창업교육은 대단히 유효합니다.

우리나라에는 삼성이라는 혁신 IT 기업이 존재합니다. 애플에 대항하는 경쟁력을 가진 거의 유일한 회사입니다. 이제 모든 비즈니스는 이 정도의 경쟁력을 가져야 혁명의 시기에 생존할 수 있습니다. 개인도 마찬가지입니다. 바뀐 시대상에 맞는 능력을 갖추어서 혁신 IT 기업의 일부분이 되든지, 혁신 IT 기업을 만들어 내든지 선택해야 합니다.

요즘 아이들은 직업을 정할 때 개인의 능력 안에서 직업을 한정시킵니다. 유치원 교사, 미용사, 요리사 같은 이미 경쟁이 치열한 직업군으로 몰리는 현상을 이제는 막아야 합니다. 초등학교에만 가봐도 유튜버, 아이돌, 요리사가 되겠다는 학생들이 너무 많습니다. 외식업을 운영하는 자영업자들의 폐업률이 나날이 높아지고 있지만 아무도 그런 것을 알려주지 않습니다. 애초에 너무 작은 비전을 가지고 미래에 접근하지 않았으면 좋겠습니다. 학생들 대부분에게 스탠퍼드라는 단어는 먼 나라 이야기고, 관심도 없는 이야기일 것입니다. 그러나 창업교육을 할 때만이라도 이런 학교가 있고, 이런 교육이 있다는 것을 알려주세요. 혁신 IT 기업에 관심을 갖게 된다면, 아이가 바라보는 세상이 커질 것입니다.

큰 사업은 큰 생각에서 나옵니다. 그리고 우리 학생들은 절대 창의성이 없지 않습니다. 아무도 기회를 주지 않아서 그렇지, 한 번 경험하면 갑자기 시야가 넓어지는 학생들을 목도하고 있습니다. 특히 해커톤Hackathon, 팀을 이뤄 비즈니스 모델을 완성하는 대회이나 메이커톤Makerthon, 다양한 분야의 메이커들이 팀을 이뤄 아이디어를 내고 결과물을 완성하는 대회 같은 아이디어 경진대회에서 학생들이 보이는 놀랄 만한 집중력과 에너지를 보면 미래에 대한 불안감 따위는 찾을 수 없습니다. 그리고 이 행사를 진행할 때마다 학생들의 에너지와 아이디어에 감응하게 됩니다. 부모라면 아이가 미래에 어떤 변화가 닥쳐와도 강인하게 키워내고 싶으실 것입니다. 이런 에너지를 제대로 훈련시키고 발산시키는 방법을 알려주는 것이 바로 스탠퍼드식 창업교육입니다.

네이버보다 구글에서 일하는 것을 목표로 하라

한국의 청년들이 국내 기업에서만 일하는 것을 목표로 삼는 것은 더 이상 안정적인 선택이 아닙니다. 'The Winner Takes It All(승자가 모든 것을 갖는다).'이라는 노래 제목처럼 지금의 승자는 최고의 혁신 기업이라고 불리는 아마존, 애플, 페이스북, 구글입니다. 이 4개 기업은 역사상 유례가 없을 정도로 전 세계 사람들에게 큰 영향력을 행사하고 있습니다.

구글이 한국에서 내는 수익이 이미 네이버의 수익을 넘겼다는 것을 아시나요? 지금 우리가 이런 상황을 모르고 국내 시장만 바라본다면, 앞으로 이 격차는 점점 커질 것입니다. 결국 구한말 쇄국 정책과 다르지 않습니다. 어차피 새로운 시대의 큰 흐름은 막을 수 없습니다. 공격이 최고의 수비라는 말처럼 이제 기업과 개인 모두 괜찮은 정도에서 탈피해 위대한 수준으로 도약해야 합니다. "좋은 기업을 넘어 위대한 기업을 목표로 하라."는 20여 년 전 짐 콜린스의 예언이 맞아 떨어지는 것입니다.

아마존 CEO 제프 베조스는 짐 콜린스의 조언을 가장 충실하게 실행하고 있는 인물 중 하나입니다. 인터넷 서점에서 시작한 아마존은 이제 글로벌 제국으로 부상했습니다. 그야말로 괜찮은 회사에서 위대한 회사로 변신했습니다. 아마존은 거의 모든 분야에 도전해서 많은 실패를 딛고 좋은 비즈니스 모델을 찾아 지금의 모양새로 성장했습니다. 아마존의 시가총액은 전 세계 1위를 달성했고, 시장 지배력은 나날이 커져가고 있습니다. 아마존이 성장할수록 사람들의 생활방식이 급속도로 바뀌어서 아마존의 성장은 모두의 경계 대상이 되었습니다.

이에 따라 2017년 미국 투자정보회사 비스포크인베스트먼트는 완전히 새로운 2가지 주식 종목 지수를 발표했는데, 아마존 공포 종목 지수와 아마존 생존자 지수입니다. 아마존이 어떤 제품이나 브랜드를 영입하기로 하면, 그 제품군의 다른 회사 지수가 폭락하거나 급등하는 일이 반복되면서 패턴을 발견하고 공표한 것입니다.

최근 아마존이 홀푸드 인수를 발표한 직후, 캘리포니아 소재 식품 유통업체인 스마트앤파이널스토어의 주가가 19% 폭락하고, 미국 최대 슈퍼마켓 체인인 크로거와 월마트는 주가가 급락했습니다. 이 외에도 아마존 공포 종목들은 54종으로 구성되어 있는데, 평균적으로 두 자릿수의 하락률을 보이는 것만 봐도 아마존의 영향력이 미국에서 얼마나 파괴적인지 알 수 있습니다.

아마존은 한국에서는 아직 정식으로 서비스를 시작하지 않았지만, 아마존을 통한 글로벌 셀러들이 한국에서 점차 두각을 나타내고 있습니다. 이들은 아마존을 글로벌 시장의 교두보로 삼고 점차 매출을 늘려가고 있어서 한국 오픈 마켓의 경쟁력이 점차 낮아지는 것이 눈에 띄게 보입니다. 특히 무서운 것은 아마존의 인공지능 스피커인 에코인데, 한국에서도 에코를 사용하는 사람들이 주변에 꽤 있습니다.

모닝콜 기능부터 원하는 음악을 들을 수 있고, 뉴스 브리핑을 요청하면 일부 매체의 한국어 뉴스 서비스가 가능하다고 합니다. 잠자기 전에 분위기에 맞는 음악을 틀어주는 기능도 있고, 전등을 끄고 켜는 기능까지 개떡같이 말해도 찰떡같이 알아듣는다는 후기가 많습니다. 단점은 영어로 말해야 하는 것인데, 실제로 이 부분은 말로만 불만이지 영어를 쑥스럽지 않게 연습할 수 있는 아주 좋은 단점으로 보입니다. 자녀가 있는 사람들은 이 스피커를 매우 좋은 영어교사로 생각하고 있습니다. 이와 같이 아마존은 점점 생활 속 깊숙이 침투하고 있습니다.

이런 아마존은 기존의 다국적 기업이 국내에 진출하는 과정과 매우 다른 양상을 보이고 있습니다. 우리나라에서 비행으로만 10~12시간이 걸리는 위치에 있는 회사들이 지금 우리의 경쟁자라는 사실은 무서운 일입니다. 물론 그 전에도 다국적 기업은 있었습니다. 다른 점이라면 합리적으로, 이국적으로 우리에게 다가

왔습니다. 왜냐하면, 다국적 기업들이 우리나라에 영향력을 미치려면 몇 가지 절차가 필요했기 때문입니다. 한국 기업과 제휴한다든가, 한국 법인을 만드는 등의 절차를 거쳐야 했습니다.

가령 맥도날드가 우리나라에 진출하기 위해 먼저 싱가포르나 말레이시아에 아시아 허브를 만듭니다. 한국 법인을 세워서 고용을 창출하고 매장을 설치하면, 자연스럽게 한국 경제 발전에 이바지하게 됩니다. 그런데 지금의 아마존, 애플, 페이스북, 구글 등의 글로벌 혁신 기업들은 현지 사업을 위한 단계를 거의 생략하고, 곧바로 한국 시장에서 영향력을 발휘합니다. 이런 현상이 가능한 것은 지금이 4차 산업혁명 시대이기 때문입니다. 글로벌 혁신 기업들이 한국에서 영향력이 날로 커지는 상황에 비해, 이들이 한국의 경제 발전에 기여하는 정도는 이전의 다국적 기업과 비교가 안 될 정도로 미비합니다.

앞으로는 혁신 IT 기업들이 국내 경제 발전에 별로 도움이 되지 않을 것이라고 충분히 예상할 수 있습니다. 국내 시장만을 바라보면 10년 뒤 아이의 미래는 위험할 수밖에 없고, 그 여파로 개인의 일자리가 사라질 것입니다. 즉, 개인의 인생을 책임져줄 수 있는 회사를 찾기가 점점 어려워집니다.

우리는 이미 직감하고 있습니다. 그래서 너도나도 안정적인 직업에 몰리는 것입니다. 공무원, 의사, 변호사, 변리사 등등. 이 직업들은 모두가 원하는 자리지만, 모두가 할 수 없는 것이 비극입니다. 공무원은 좋은 선택이 맞습니다. 하지만 거의 300대 1의 경쟁을 뚫어야 합니다. 준비기간도 5년 정도 걸린다고 합니다.

19, 20살부터 공무원 준비를 한다면, 초등학생부터 고등학교 졸업까지는 무엇을 기준으로 교육해야 할까요? 그리고 만약 공무원이 되지 못하면 그 때는 어떤 대안을 마련해두실 것인가요?

제가 상담한 학생 중에 29살에 화학과를 졸업해서 방과후 교사를 하겠다는 학생이 있었습니다. 약학전문대학원을 3년간 준비하다가 끝내 포기했는데, 29살까지 아무런 경험 없이 대학을 졸업하고 나니 취업이 막막하다고 했습니다. 이 학생은 서울에서 5위권 내에 드는 명문대 졸업생으로 3년 동안 정말 열심히 공부한 학생이었습니다. 하지만 모두가 열심히 준비한다고 시험에 붙는 것은 아니잖아요? 이것이 고시 준비를 하는 사람들에게 매우 치명적인 단점입니다.

이 학생은 사회 경험이 없다는 것도 문제였지만, 사실 아무것도 할 수 없다는 패배 의식에 사로잡힌 것이 더욱 문제였습니다. 고등학생 때부터 준비한 10여 년의 학업이 약학대학에 떨어짐으로써 인생마저 나락으로 떨어졌다는 패배 의식을 떨쳐내기가 어려웠습니다. 그래서 제가 말하는 '현실적인 대안'이 글로벌 기업을 목표로 하라는 것입니다. 이것이 현실적인 대안이냐고 묻는 분들이 있을 것입니다. 글로벌 기업을 목표로 한다는 것이 꼭 영어 공부와 해외 이민을 의미하는 게 아니라는 것을 알아야 합니다.

글로벌 기업의 특징을 미리 알고, 그들이 어떤 식으로 일을 시작했는지 따라 해보는 것은 반드시 필요한 일입니다. 그리고 자신이 시대에 맞는 능력을 키우고 있는지 점검해야 합니다. 성적이 안 나오는 것을 고민하는 것보다 이런 일들이 훨씬 중요합니다. 회사와 국가가 우리 아이를 알아서 가르쳐줄 것이라고 믿으시나요? 아이가 스스로 글로벌 역량을 키울 수 있도록 이끌어야 합니다. 그리고 그런 역량만 있으면 휴양지에서 글로벌 비즈니스를 펼칠 수도 있습니다. 이것이 4차 산업혁명의 힘입니다.

취업이나 창업하기 위해서 목표나 경쟁상대를 잡을 때 네이버가 아니라 구글을 선택하세요. 더 나은 성공을 위한 선택 사항이 아니라 생존을 위한 필수 선택입니다. 글로벌로 통하든지 아예 낙오되든지 2가지 선택만 남는다는 것을 부모들이 자녀에게 먼저 알려줘야 합니다. 그래야 미래 사회에 최소한의 대응이 가능해집니다.

에필로그

스카이에서 벗어나니 아이들의 인생이 보였다

어느 날, 당신의 전화벨이 울립니다. 아이의 담임선생님으로부터 전화가 왔습니다. 2가지 경우가 예상됩니다. 하나는 아이의 성적이 낮으니 신경 써달라는 내용입니다. 또 하나는 아이가 교우관계에 갈등을 빚고 있으니 신경 써달라는 내용입니다. 서로 다른 2가지 주제 중 당신은 어떤 것을 더 피하고 싶은가요? 그리고 선생님의 태도에 어떤 반응을 보일 것인가요?

학부모들은 대부분 아이의 성적을 더 크게 걱정합니다. 현재 우리나라 입시에서는 대학에 가려면 어렸을 때부터 성적 관리를 잘해야 합니다. 특히 초중고의 어느 학년에서도 수학 성적이 걸림돌이 되면, 입시에 빨간불이 켜진 것과 다름없습니다. 당연히 학부모가 적극적으로 행동할 수밖에 없습니다.

하지만 아이의 교우관계는 마땅한 해결책이 없습니다. 어떤 부모가 친구와 싸우라고 부추길까요? 친구와 사이좋게 지내라고는 가르치지만, 그렇지 못하더라도 마땅한 방법이 없습니다. 윤리적으로 문제 삼을 수 없는 '배려심' 부족이라든가 뒤떨어진 '공감능력'은 아이가 사는 데 크게 지장을 주지 않는다고 생각합니다. 보통은 자녀를 잘 다독이는 일로 마무리 짓습니다. 우리만 해도 어려서부터 그렇게 교육받고 자랐으니까요.

시대가 바뀌면서 이런 배려심, 공감능력, 인성 같은 추상적인 능력들이 중요시되고 있습니다. 노래를 잘하거나, 외모가 예쁘거나, 공부를 아무리 잘해도 학교에서 인성이 안 좋았던 학생들이 사회에서 불이익을 받는 일이 점점 많아집니다. 가령 오디션 프로그램에서 논란이 됐는데, 상위권에 진입한 후보자들의 과거 인성이 결정적인 순간에 그들의 발목을 잡는 경우가 있습니다. 이런 경우를 막기 위해 미국의 아이비리그 대학들은 지원자들의 SNS를 참고하는 경우도 있다고 합니다.

철없을 때 저지른 행동이라는 말은 핑계입니다. 그들에게 책임을 묻고 그들이 대가를 치러야 합니다. 그래서 자녀교육을 할 때는 영어와 수학을 가르치는 데 들이는 노력만큼 인성교육에도 주의를 기울여야 합니다. 한편으로는 부모가 아이의 인성까지 관리하는 것은 불가능한 일이 아닌가 생각할 수 있습니다. 사람들은 어느 정도 타고난 성향이라는 것이 있기 때문에 이것마저 부모에게 책임지라고 하는 것도 부모에게는 억울한 일이라고 생각합니다.

부모도 사람이라 감정적이 될 때도 많고, 아무리 내 자식이라고 해도 자식과 잘 맞지 않는 경우가 많습니다. 아이들에게 "착하게 살아라.", "배려심 있게 살아라."라고 아무리 말하고 모범을 보이려고 해도 뜻대로 되지 않는 경우가 훨씬 많습니다. 만약 자녀들이 부모들의 선한 의도를 잘 이해해준다면, 그 부모는 하늘의 은총을 받은 것이라고 생각됩니다. 제 주변에서는 자녀와의 크고 작은 갈등으로 속 끓는 부모들이 훨씬 더 많기 때문입니다.

고백하건대 저도 자식들을 키우면서 하루도 마음이 편한 날이 없었습니다. 젊은 부부들이 제게 가장 많이 묻는 질문이 자식을 키우는 것이 언제쯤 편해지냐는 것입니다. 미안하게도 저의 대답은 "그런 날은 오지 않는다."는 것입니다. 과거에는 부모의 역할이 눈에 보이는 것에 집중했다면, 이제는 보이지 않는 자녀의 인성을 가르칠 수 있는 교육에 좀 더 적극적으로 나서야 한다고 생각합니다. 이는 교육전문가로서의 의견입니다.

저를 매료시켰던 스탠퍼드 창업교육은 학생들의 생각을 바꾸는 경험을 구체적으로 제시합니다. 수많은 자기계발서와 자녀교육서는 사고가 전환되는 원리만 알려주고, 구체적인 행동 지침을 주지 않습니다. 그러나 스탠퍼드는 어떻게 해야 생각을 바꿀 수 있는지 정확하게 알려줍니다. 그리고 거기에서 알려주는 대로 하면 많은 변화가 나타납니다.

아이의 수학 점수를 1점이라도 올리려던 제가 어느 날 구글, 애플, 테슬라의 CEO들에 대해 공부하면서 사고범위가 넓어지는 경험을 했습니다. 저의 사고의 변화는 아이들을 좀 더 너그럽게 바라볼 수 있는 여유를 주었습니다. 그리고 새롭게 알게 된 세상의 경험을 아이들과 함께 나눌 수 있게 됐습니다. 제가 성적으로 닦달하니까 덩달아 점수에 민감해졌던 아이들에게 이제는 괜찮다 말할 수 있었고, 대학입시 결과를 기다릴 때도 비교적 담담할 수 있었습니다. 심지어 작은애가 수능을 보기 전날 시어머니가 암수술을 하셨는데, 그로 인해 저는 정신이 하나도 없었습니다. 아이가 수능 시험장에 점심으로 삼각김밥을 사가도 저희 모녀에게는 아무런 큰 일이 일어나지 않았습니다. 오히려 아이는 지금 자기 몫을 하며 멋지게 살고 있습니다.

이런 과정을 거치면서 저희 가족은 비로소 '스카이의 저주'에서 벗어날 수 있었습니다. 그리고 스카이라는 교육 목적에서 벗어난 후에야 아이들의 인생이 조금씩 보이기 시작했습니다. 아이들이 정말 하고 싶은 것을 찾아 직접 선택할 수 있는 용기를 주었습니다. 아이들은 대학에서 스탠퍼드의 교육 철학이 주는 혜택을 제대로 받고 있다고 말합니다. 공대에 다니는 큰애도, 경영대에 다니는 작은애도 과목을 고를 때 주저하지 않고 기업가정신을 택했다고 합니다.

이렇게 기업가정신은 생각지도 못한 곳에서 좋은 결과를 보여주고 있습니다. 1가지만 잘하면 된다고 고집 부리던 큰애가 사회적 가치에 눈을 뜨게 됐고, 막내라서 부모에게 의존도가 높았던 작은애가 독립한다고 애쓰고 있습니다. 저는 조직 생활이 힘들었는데, 다행히 아이들은 어떤 조직에서도 잘 적응하고 있습니다.

적응할 뿐만 아니라 미래를 위해 무엇을 경험하고, 그 경험을 어떻게 적용할지 궁리하고 있습니다.

그래도 부모 마음이란 것이 걱정에 끝이 없습니다. 아이가 커갈수록 아이의 인생을 걱정하는 일이 많아졌으니, 스탠퍼드식 창업교육을 가이드로 삼은 것은 하늘이 도왔다고 생각합니다. 이런 지침이 없었더라면 저는 지금 미래에 대한 걱정으로 아이들의 앞날을 막고 있었을지 모릅니다. 스탠퍼드식 창업교육은 우리 교육이 하고 싶은 것을 이루기 위한 하나의 과정이라는 것을 확실하게 알려주었고, 사고의 폭을 몇 단계 넓혀줄 수 있었습니다. 그리고 넓어진 사고는 저와 아이들에게 새로운 인생을 살게 해주었습니다.

미래를 읽는 부모는 아이를 창업가로 키운다

2019년 1월 16일 초판 1쇄 | 2019년 1월 21일 4쇄 발행

지은이·이민정

펴낸이·김상현, 최세현
책임편집·김유경 | 디자인·최우영

마케팅·임지윤, 김명래, 권금숙, 심규완, 양봉호, 최의범, 조히라, 유미정
경영지원·김현우, 강신우 | 해외기획·우정민
펴낸곳·(주)쌤앤파커스 | 출판신고·2006년 9월 25일 제406-2006-000210호
주소·경기도 파주시 회동길 174 파주출판도시
전화·031-960-4800 | 팩스·031-960-4806 | 이메일·info@smpk.kr

ISBN 978-89-6570-753-0 (13590)

• 이 책의 국립중앙도서관 출판시도서목록은 서지정보유통지원시스템 홈페이지(http://seoji.nl.go.kr)와 국가자료공동목록시스템(http://www.nl.go.kr/kolisnet)에서 이용하실 수 있습니다.
(CIP제어번호: CIP2018041520)
• 잘못된 책은 구입하신 서점에서 바꿔드립니다. • 책값은 뒤표지에 있습니다.